MATEMÁTICA

CÉLIA PASSOS

Cursou Pedagogia na Faculdade de Ciências Humanas de Olinda – PE, com licenciaturas em Educação Especial e Orientação Educacional. Professora do Ensino Fundamental e Médio (Magistério) e coordenadora escolar de 1978 a 1990.

ZENEIDE SILVA

Cursou Pedagogia na Universidade Católica de Pernambuco, com licenciatura em Supervisão Escolar. Pós-graduada em Literatura Infantil. Mestra em Formação de Educador pela Universidade Isla, Vila de Nova Gaia, Portugal. Assessora Pedagógica, professora do Ensino Fundamental e supervisora escolar desde 1986.

5ª edição
São Paulo
2022

4º ANO
ENSINO FUNDAMENTAL

Coleção Eu Gosto Mais
Matemática 4º ano
© IBEP, 2022

Diretor superintendente	Jorge Yunes
Diretora editorial	Célia de Assis
Coordenadora editorial	Viviane Mendes Gonçalves
Assistentes editoriais	Isabella Mouzinho, Patrícia Ruiz e Stephanie Paparella
Revisora	Katia Godoi
Secretaria editorial e processos	Elza Mizue Hata Fujihara
Ilustrações	Eunice/Conexão Editorial, João Anselmo e Izomar
Produção gráfica	Marcelo Ribeiro
Projeto gráfico e capa	Aline Benites
Ilustração da capa	Gisele Libutti
Diagramação	N-Public/Formato Comunicação

DADOS INTERNACIONAIS DE CATALOGAÇÃO NA PUBLICAÇÃO (CIP) DE ACORDO COM ISBD

P289e

Passos, Célia
    Eu gosto m@is: Matemática 4º ano / Célia Passos, Zeneide Silva. – 5. ed. – São Paulo : IBEP – Instituto Brasileiro de Edições Pedagógicas, 2022.
    290 p. : il. ; 20,5cm x 27,5cm. – (Eu gosto m@is)

  ISBN: 978-65-5696-264-1 (aluno)
  ISBN: 978-65-5696-265-8 (professor)

    1. Ensino Fundamental Anos Iniciais. 2. Livro didático. 3. Matemática. I. Silva, Zeneide. II. Título. III. Série.

2022-2653   CDD 372.07
                                                              CDU 372.4

Elaborado por Odilio Hilario Moreira Junior – CRB-8/9949

Índice para catálogo sistemático:
1. Educação – Ensino fundamental: Livro didático 372.07
2. Educação – Ensino fundamental: Livro didático 372.4

5ª edição – São Paulo – 2022
Todos os direitos reservados

Rua Agostinho de Azevedo, S/N – Jardim Boa Vista
São Paulo/SP – Brasil – 05583-140
Tel.: (11) 2799-7799 – www.editoraibep.com.br

Gráfica Impress - Outubro 2022

APRESENTAÇÃO

Querido aluno, querida aluna,

Ao elaborar esta coleção pensamos muito em vocês.

Queremos que esta obra possa acompanhá-los em seu processo de aprendizagem pelo conteúdo atualizado e estimulante que apresenta e pelas propostas de atividades interessantes e bem ilustradas.

Nosso objetivo é que as lições e as atividades possam fazer vocês ampliarem seus conhecimentos e suas habilidades nessa fase de desenvolvimento da vida escolar.

Por meio do conhecimento, podemos contribuir para a construção de uma sociedade mais justa e fraterna: esse é também nosso objetivo ao elaborar esta coleção.

Um grande abraço,

As autoras

SUMÁRIO

LIÇÃO

1 Vamos recordar 6
- Volta às aulas 6
- Rotina diária 7
- Material Dourado 11

2 Sistema de numeração romano 15
- Os números romanos 15

3 Sistema de numeração decimal 20
- Um pouco de história 20
- Agrupamentos de 10 20
- Ordens e classes 24

4 Adição com números naturais 30
- As diversas ideias da adição 30
- Propriedades da adição 31
- Operações inversas 35

5 Subtração com números naturais 43
- As diversas ideias da subtração 43
- Alguns fatos sobre a subtração 44

6 Ângulo e reta 50
- A ideia de ângulo 50
- Retas • Retas paralelas, retas perpendiculares e retas concorrentes 52
- Segmento de reta • Semirreta 56

7 Multiplicação de números naturais 59
- Ideias da multiplicação 59
- Propriedades da multiplicação 66

8 Dobro, triplo, quádruplo e quíntuplo 69

9 Multiplicação com reagrupamento 75
- Multiplicação com reserva na dezena e na centena 78
- Multiplicação com dois algarismos no multiplicador 80
- Multiplicação por 10, por 100 e por 1000 85
- Problemas de contagens 87

10 Divisão com números naturais 90
- Ideias da divisão 90
- Método longo e método breve 92
- Divisão exata e divisão não exata 94
- Divisão com dois algarismos no quociente 96
- Verificação da divisão 98
- Divisão de centenas com um algarismo no divisor 102
- Divisão por 10, por 100 ou por 1 000 105
- Divisão com zero intercalado no quociente 107
- Divisão com dois algarismos no divisor 110

11 Medidas de tempo e temperatura 118
- Hora, minuto e segundo 118
- Temperatura máxima e temperatura mínima 122
- Termômetros 124

12 Poliedros e polígonos 126
- Poliedros 126
- Polígonos 129
- Quadriláteros 130

13 Simetria 133
- Eixo de simetria 133
- Redução e ampliação de figuras 138

LIÇÃO

14 **Localização e movimentação** **140**
- Pontos de referência, direção e sentido 140
- Paralelas, perpendiculares e transversais 143

15 **Álgebra: sentenças matemáticas** **145**

16 **Frações** **156**
- Fração 156
- Representando as partes do inteiro 157
- Leitura e escrita de frações 158

17 **Comparação de frações** **164**
- Frações equivalentes 168

18 **Trabalhando com frações** **172**

19 **Operações com frações** **178**
- Adição 178
- Subtração 181

20 **Probabilidade** **184**
- É muito provável ou é pouco provável? 184

21 **Gráficos** **187**
- Gráficos 187
- Infográficos 191

22 **Frações e números decimais** **193**
- Representações decimais 193
- Porcentagem 197

23 **Operações com números decimais** **204**

24 **Dinheiro no dia a dia** **210**
- Um pouco de história 211
- Cédulas e moedas 212
- Lucro e prejuízo 219

25 **Medidas de comprimento** **222**
- Comprimento 222

26 **Medidas de superfície e perímetro** **226**
- Medindo superfícies 226
- Perímetro 229

27 **Medidas de capacidade** **231**
- Capacidade 231

28 **Medidas de massa** **235**
- Massa 235

Almanaque **241**

VAMOS RECORDAR

Volta às aulas

Início de ano. Volta às aulas. Para alguns, colegas novos, turma nova, escola nova. Para relembrar o que você já estudou, resolva as atividades a seguir.

ATIVIDADES

1 Em uma escola, as aulas no período da manhã têm início às 7 horas e 20 minutos e, no período da tarde, às 13 horas e 30 minutos. Sabendo que cada período de estudos tem duração de 4 horas e 30 minutos, responda.

a) Qual é o horário de saída dos alunos do período da manhã? _____

b) Qual é o horário de saída dos alunos do período da tarde? _____

c) E as suas aulas, a que horas começam? A que horas terminam? _____
_____

d) Qual é o período de sua permanência na escola? _____

2 Complete.

a) Uma hora tem _____ minutos.

b) Um minuto tem _____ segundos.

c) Meia hora tem _____ minutos.

d) Um dia tem _____ horas.

3 Responda.

a) Quantos dias tem uma semana? _____

b) Quais são os dias da semana? _____

c) Em quais dias da semana você vai à escola? _____

d) Que dia da semana é hoje? _____

e) Qual é o seu dia da semana preferido? Por quê? _____

Rotina diária

Quando retornamos das férias, parece que o tempo passa mais rápido.

O tempo é curto para fazer tudo que é preciso. Isso acontece porque, durante o período de férias, nem todas as atividades que realizamos precisam acontecer em horário determinado.

Por isso, o retorno às atividades escolares exige um pouco de organização.

A tabela abaixo mostra a organização de horário feita por Milena, uma aluna do 4º ano, ao retornar às aulas. Observe.

ROTINA DIÁRIA	
Horário	Atividade
6h	acordar
7h	sair para a escola
12h	almoçar
13h	tarefas de casa e assistir à TV
15h	leitura e estudos
17h	brincar
18h	jantar
21h	dormir

Compare a rotina diária de Milena com a sua.

- Quais atividades de Milena são diferentes das que você realiza?
- E os horários, são diferentes? Por quê?

Converse com o professor e os colegas sobre isso.

ATIVIDADES

1 Vamos fazer uma tabela para organizar também as suas atividades. Registre nesta tabela os seus horários.

ROTINA DIÁRIA	
Horário	Atividade

2 Observe um calendário e escreva o que se pede.

a) Quantos meses tem um ano? _____

b) Em quais meses do ano você vai à escola?
_____

c) Em quais meses você tem férias escolares?
_____

d) Que mês do ano tem apenas 28 ou 29 dias? _____

- Quais meses têm exatamente 30 dias? _____
- Quais meses têm 31 dias? _____

3 Complete as frases abaixo.

a) 1 bimestre é igual a _____ meses.

b) 1 trimestre é igual a _____ meses.

c) 1 semestre é igual a _____ meses.

Há algumas escolas que têm suas atividades divididas em bimestres, outras em trimestres. A sua escola organiza as atividades em bimestres ou em trimestres?

_____

4 Observe o calendário do mês ao lado e responda às questões.

a) Que mês está representado? _____

b) Quantas semanas completas tem esse mês? _____

c) Quantos sábados tem esse mês? _____

d) E domingos? _____

e) Há colegas em sua sala de aula que aniversariam nesse mês? _____

f) Escreva o nome deles e a data em que eles fazem aniversário. _____
_____

g) Há algum feriado nesse mês? _____

h) Escreva o dia da semana e o dia do mês desse feriado. _____

5 Durante o período de férias, um circo chegou à cidade para uma temporada de 20 dias. O circo abriu suas portas ao público no dia 11 de janeiro. Responda.

a) A temporada do circo na cidade terá duração:
igual a 1 mês, menor que 1 mês
ou maior que 1 mês?

_____

b) Que dia terá início a temporada?

_____

c) Que dia terminará?

_____

6 Sérgio, Renata, Marcela e Ricardo estavam brincando com um jogo de cartas. Eles usaram fichas para marcar a pontuação de cada um.

Observe abaixo o código de pontuação.

UM
C
D
U
unidade de milhar
centena
dezena
unidade

Agora, veja como ficou a pontuação de cada um ao final da primeira rodada.

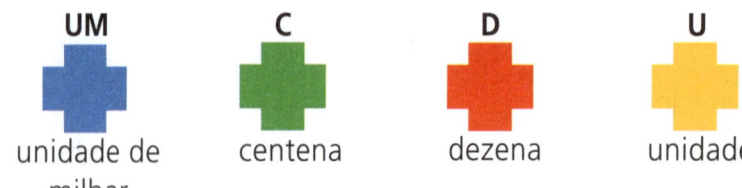

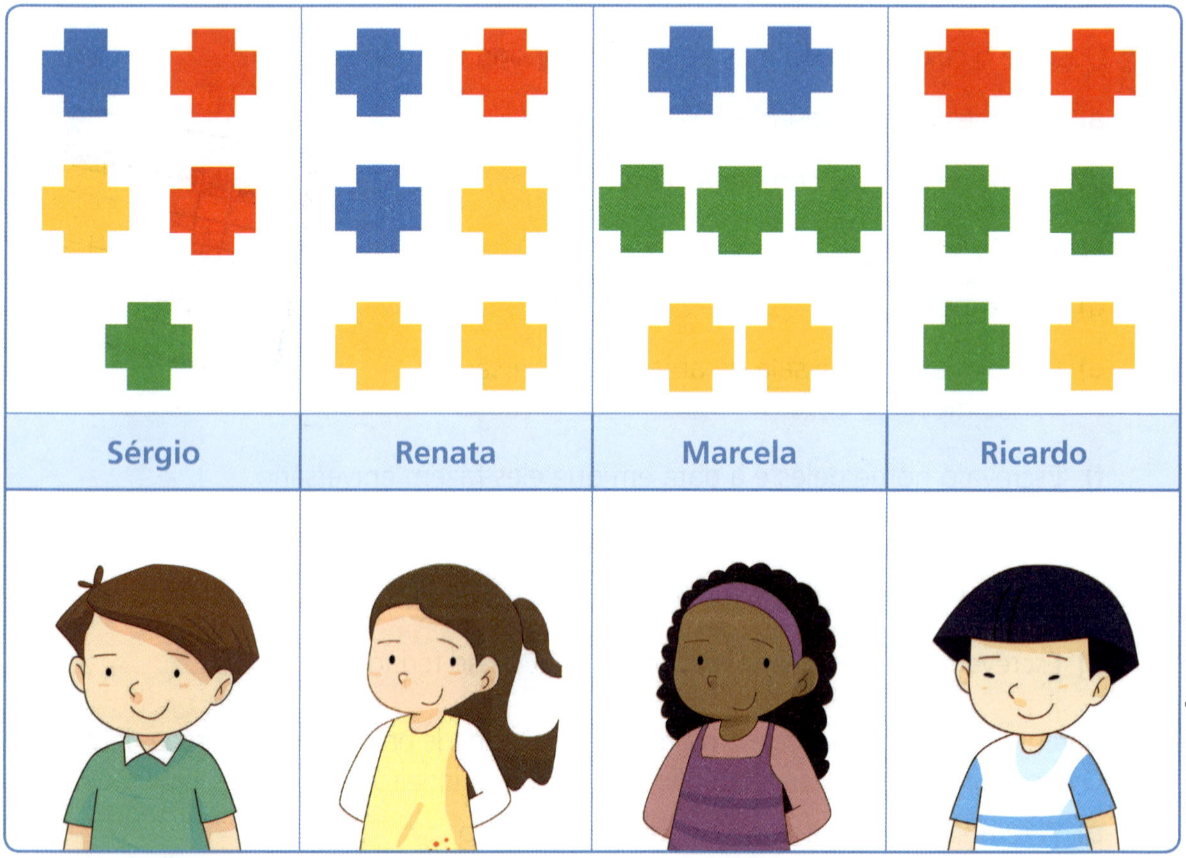

Sérgio
Renata
Marcela
Ricardo

EUNICE/CONEXÃO EDITORIAL

Responda às questões.

a) Quantos pontos cada um fez?

Sérgio: ____________________ Ricardo: ____________________

Marcela: ____________________ Renata: ____________________

b) Quem fez a maior quantidade de pontos? ____________________

c) Quem fez a menor quantidade de pontos? ____________________

d) Quem fez 2 UM + 1 D + 3 U? ____________________

Material Dourado

Vamos trabalhar com o Material Dourado?

O Material Dourado ou Montessoriano é constituído por cubinhos, barras, placas e cubos, que representam:

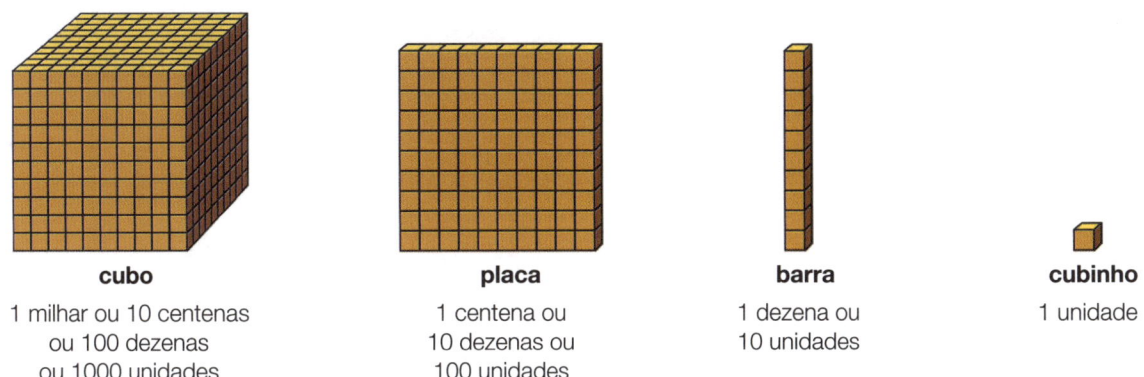

cubo	placa	barra	cubinho
1 milhar ou 10 centenas ou 100 dezenas ou 1000 unidades	1 centena ou 10 dezenas ou 100 unidades	1 dezena ou 10 unidades	1 unidade

Observe que o cubo é formado por 10 placas, a placa é formada por 10 barras e a barra é formada por 10 cubinhos.

ATIVIDADES

1 Observe. Estas figuras do Material Dourado representam alguns números referentes à semana de atividades para receber os alunos. Complete os quadros representando as quantidades.

a) Total de pontos conquistados pela turma vencedora.

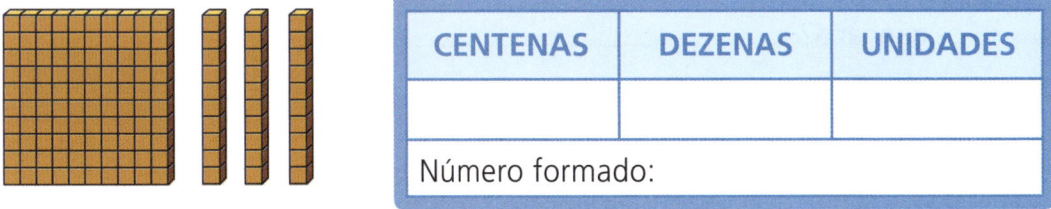

CENTENAS	DEZENAS	UNIDADES

Número formado:

b) Quantidade de alunos participantes.

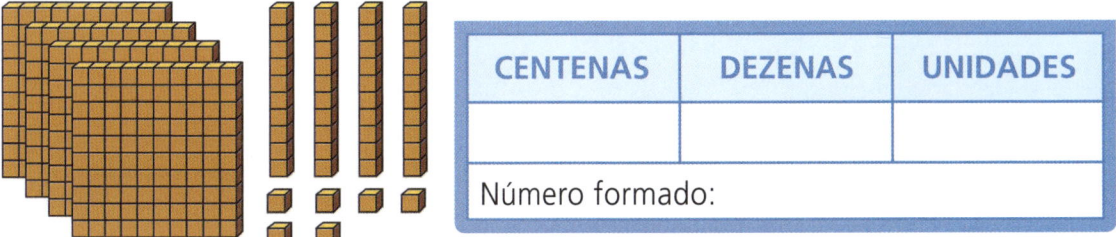

CENTENAS	DEZENAS	UNIDADES

Número formado:

2 Leia as frases abaixo e escreva o número correspondente.

a) Sou formado por apenas quatro dezenas. _____

b) Tenho dois algarismos iguais e a soma deles é 6. _____

c) Sou formado por:

Que número está representado? _____

3 Uma professora de Biologia trabalha pesquisando o comportamento de tubarões. Ela passou o período de 12 de setembro a 12 de janeiro realizando sua pesquisa em alto-mar. Baseando-se na sequência dos meses do ano, quantos meses a professora ficou em alto-mar fazendo a pesquisa?

_____

_____

4 Ana tem uma caixa com 48 bombons. No fim de semana, recebeu a visita de 3 primas. Sua mãe pediu a ela que repartisse os bombons com as primas. Agora, pense e responda.

a) Se Ana dividisse os bombons em quantidades iguais, quantos cada menina ganharia? _____

_____

b) Se Ana desse apenas um bombom para cada prima, quantos sobrariam?

_____

c) Ana guardou doze bombons, comeu três e repartiu o restante entre as primas. Quantos bombons cada uma ganhou?

_____

_____

_____

5 Dois alunos do 4º ano compraram mochilas novas. Veja quanto pagaram pelas mochilas e responda às questões.

Aluno 1 – R$ 35,00   Aluno 2 – R$ 34,00

- As mochilas custaram, cada uma, mais de R$ 50,00? _____

- Quem pagou mais caro pela mochila? _____

- Quanto foi pago a mais? _____

- Utilizando uma cédula como esta , sobraria ou faltaria dinheiro para pagar as duas mochilas? _____

- Faltaria ou sobraria quanto? _____

LEIA MAIS

O mágico da matemática

Oscar Guelli. Ática, 1999.

O Tomás era um chato. Toda mágica que aparecia ele ia logo contando o truque. Mas quando o mágico começou a adivinhar tudo o que ele pensava... Aí foi demais! Nem o Tomás conseguiu estragar a festa! História encantadora, para aprender as operações fundamentais e treinar cálculo mental.

INFORMAÇÃO E ESTATÍSTICA

Campeonato de handebol

Foi organizado um campeonato de handebol numa escola.

Observe abaixo algumas situações de que os alunos participaram e responda às questões.

a) O gráfico mostra a quantidade de pontos feitos pelos times A, B, C e D.

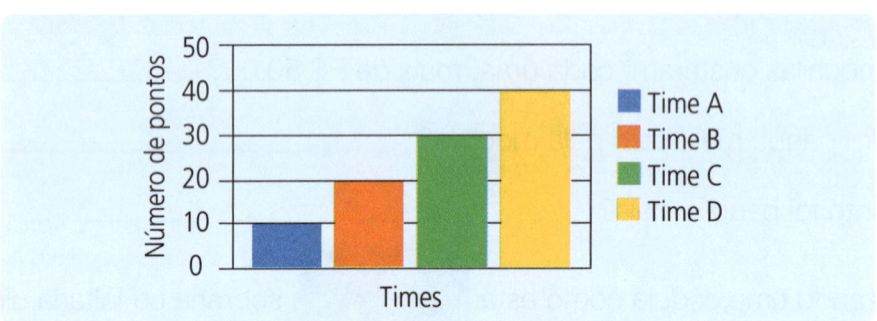

- De acordo com o gráfico, quantos pontos o time C conquistou? _____

- Quantos pontos o time D conquistou a mais que o time A? _____

- Qual time conquistou o maior número de pontos no campeonato? _____

- Qual foi a quantidade de pontos marcada pelo time campeão? _____

b) O jogo final do campeonato teve início às 16 horas. No 1º tempo, o juiz terminou o jogo com 3 minutos de acréscimo. No 2º tempo, o juiz acrescentou mais 2 minutos ao tempo regulamentar. Sabendo que cada tempo de jogo tem a duração de 30 minutos e que o intervalo entre os 2 tempos de jogo foi de 10 minutos, responda:

- Quanto tempo durou esse jogo? _____

- A que horas o jogo terminou? _____

SISTEMA DE NUMERAÇÃO ROMANO

Os números romanos

Entre as civilizações antigas, a romana foi uma das mais importantes. Assim como as outras civilizações, a necessidade de contar seus bens, como ovelhas e plantações, e também o número de soldados, fez com que os romanos inventassem seu próprio sistema de numeração.

Os romanos, para representar as quantidades, empregavam 7 letras que usamos em nosso alfabeto, atribuindo valores a cada uma delas.

I	V	X	L	C	D	M
1	5	10	50	100	500	1 000
um	cinco	dez	cinquenta	cem	quinhentos	mil

Nos quadros a seguir, há exemplos da escrita numérica romana para você consultar.

I	1
II	2
III	3
IV	4
V	5
VI	6
VII	7
VIII	8
IX	9
X	10

XX	20
XXX	30
XL	40
L	50
LX	60
LXX	70
LXXX	80
XC	90
C	100
CC	200

CCC	300
CD	400
D	500
DC	600
DCC	700
DCCC	800
CM	900
M	1 000
MM	2 000
MMM	3 000

Para escrever os números romanos, algumas regras precisam ser respeitadas.

> As letras **I**, **X**, **C** e **M** podem ser repetidas até 3 vezes, indicando uma adição.

I	1	X	10	C	100	M	1 000
II	2	XX	20	CC	200	MM	2 000
III	3	XXX	30	CCC	300	MMM	3 000

> As letras I, X e C, escritas à direita de outras letras que representam maior valor, têm seus valores **adicionados** aos valores dessas letras.

- VII → 5 + 2 → 7
- LXXIII → 50 + 20 + 3 → 73
- CX → 100 + 10 → 110
- CXXX → 100 + 30 → 130
- DC → 500 + 100 → 600
- MDXXV → 1 000 + 500 + 20 + 5 → 1 525

> As letras I, X e C, escritas à esquerda de letras que representam maior valor, têm seus valores **subtraídos** dos valores dessas letras.

- IV → 5 − 1 → 4
- IX → 10 − 1 → 9
- XL → 50 − 10 → 40
- XC → 100 − 10 → 90
- CD → 500 − 100 → 400
- CM → 1 000 − 100 → 900

> Um traço horizontal (—) sobre uma ou mais letras significa que o valor representado está **multiplicado por 1 000**.

- $\overline{V}$ → 5 × 1 000 → 5 000
- $\overline{IX}$ → 9 × 1 000 → 9 000
- $\overline{XIV}$ → 14 × 1 000 → 14 000
- $\overline{XXX}$ → 30 × 1 000 → 30 000

- Converse com o professor e os colegas, e responda: por que não se duplicam as letras V, L e D?

ATIVIDADES

1 Observe a regra que associa os números romanos com o nosso sistema de numeração e faça o mesmo.

VI → 5 + 1		IV → 5 − 1

a) XII _____		c) XC _____		e) IX _____		g) LX _____
b) CX _____		d) CM _____		f) CXX _____		h) DCC _____

2 Observe o exemplo e faça o mesmo.

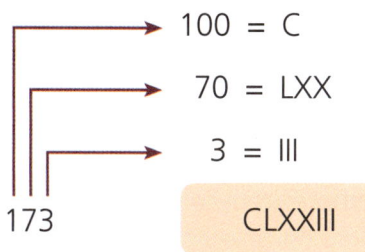

173 → 100 = C / 70 = LXX / 3 = III → CLXXIII

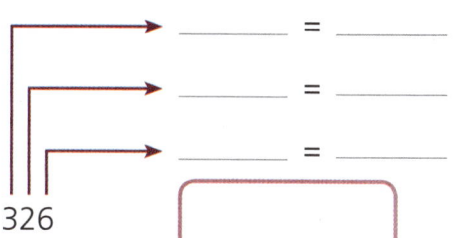

326 → ___ = ___ / ___ = ___ / ___ = ___

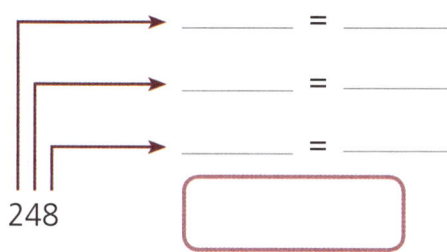

248 → ___ = ___ / ___ = ___ / ___ = ___

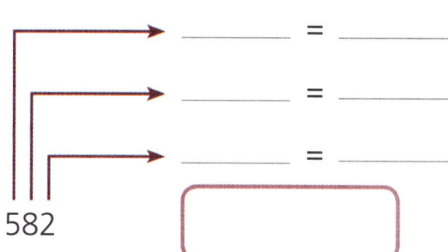

582 → ___ = ___ / ___ = ___ / ___ = ___

3 Escreva estes números romanos por extenso.

XXXVII _____

LXXV _____

CXXIII _____

MMCLIII _____

MCMLVI _____

MCMXCIX _____

4 Numere a segunda coluna de acordo com a primeira.

1	2 734
2	1 522
3	978
4	835
5	1 278

◯ MCCLXXVIII
◯ DCCCXXXV
◯ CMLXXVIII
◯ MDXXII
◯ MMDCCXXXIV

5 Represente em números romanos.

1 dezena _____   1 centena _____   1 milhar _____

meia dezena _____   meia centena _____   meio milhar _____

6 Escreva os números romanos a seguir em ordem crescente.

| XX | XXVI | XXII | XXV | XXI |

| XVII | XXIX | XXIII | XXIV | XXVIII |

_____

_____

7 Escreva com algarismos indo-arábicos.

a) CCXLIX _____   e) MDCLI _____

b) CDXVII _____   f) MMDLXXXVI _____

c) DLXVIII _____   g) MMMIII _____

d) CMLXXIX _____   h) DXXIX _____

8 Represente em números romanos.

a) 27 _____   c) 400 _____

b) 48 _____   d) 543 _____

PARA SE DIVERTIR

Brincando com palitos

1 Mova os palitos para formar os números indicados. Registre a solução no quadro.

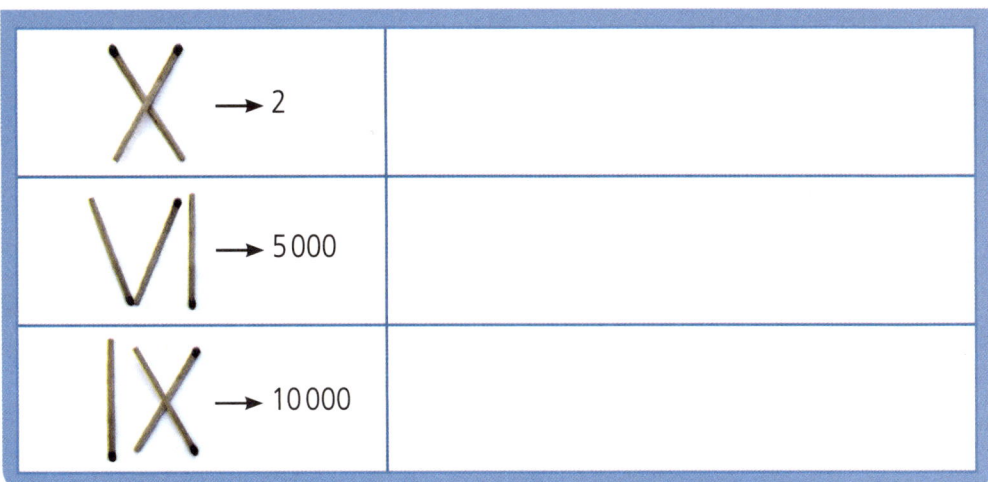

2 Quantos números diferentes podemos representar, no sistema de numeração romano, utilizando exatamente três palitos de fósforos?

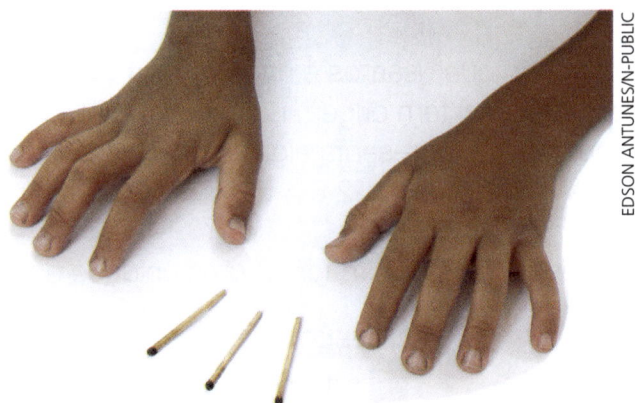

EDSON ANTUNES/N-PUBLIC

Converse com o professor sobre as perguntas a seguir.

- O que você achou de trabalhar com o sistema de numeração romano?
- O que considerou mais fácil nesse sistema? E mais difícil? Por quê?

SISTEMA DE NUMERAÇÃO DECIMAL

Um pouco de história

A história dos números é muito interessante. Em escavações arqueológicas, estudiosos encontraram objetos, pinturas em pedras e vestígios que indicam que a preocupação com algum método de contagem começou em tempos muito antigos.

Há registros de que os nossos antepassados contavam até quatro ou cinco, e as quantidades maiores eram referidas como "muitos" ou "vários".

A necessidade de registrar quantidades de objetos ou animais levou à criação de símbolos, que hoje conhecemos como números.

Estava se formando o **conjunto dos números naturais**, relacionados diretamente a objetos do mundo real, os primeiros números utilizados pelo ser humano.

0, 1, 2, 3, 4, 5, 6, 7, 8, 9, 10, 11, 12,...

Agrupamentos de 10

O sistema de numeração que usamos é um **sistema decimal**, pois contamos em grupos de 10. A palavra decimal tem origem na palavra latina *decem*, que significa 10.

Esse sistema de numeração apresenta algumas características:
- Utiliza apenas os algarismos 0 1 2 3 4 5 6 7 8 e 9 para representar qualquer quantidade.
- Cada 10 unidades de uma ordem forma uma unidade da ordem seguinte. Observe.

Trocamos 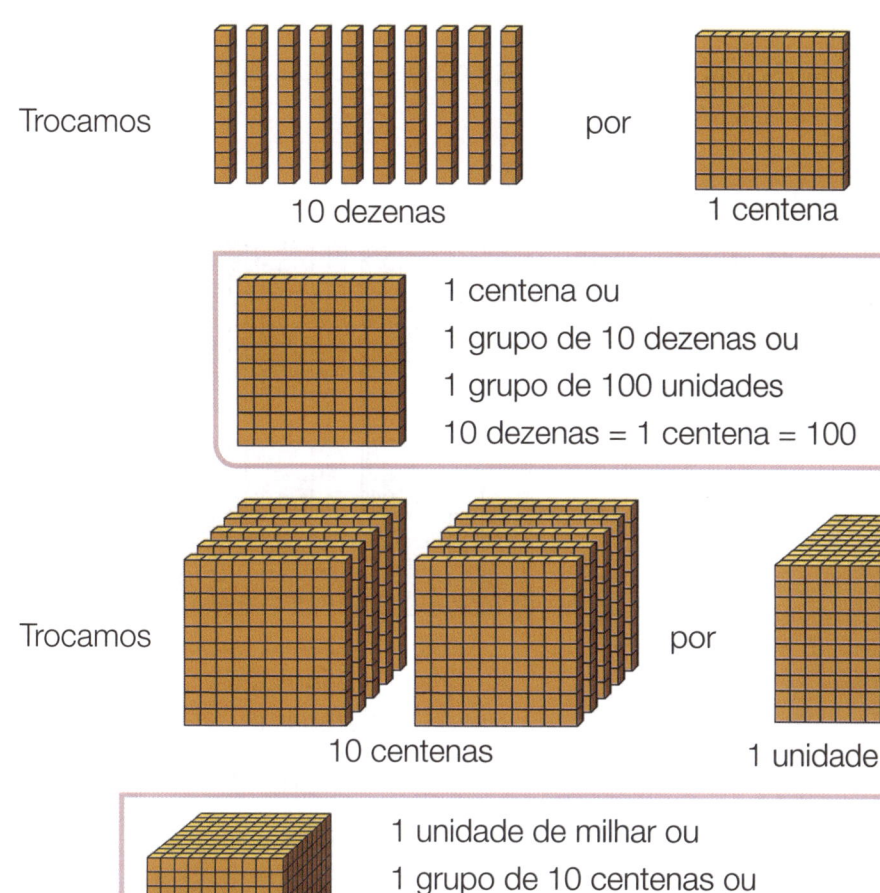 por

10 dezenas   1 centena

1 centena ou
1 grupo de 10 dezenas ou
1 grupo de 100 unidades
10 dezenas = 1 centena = 100

Trocamos   por

10 centenas   1 unidade de milhar

1 unidade de milhar ou
1 grupo de 10 centenas ou
1 grupo de 1 000 unidades
10 centenas = 1 unidade de milhar = 1 000

Observe as quantidades representadas abaixo.

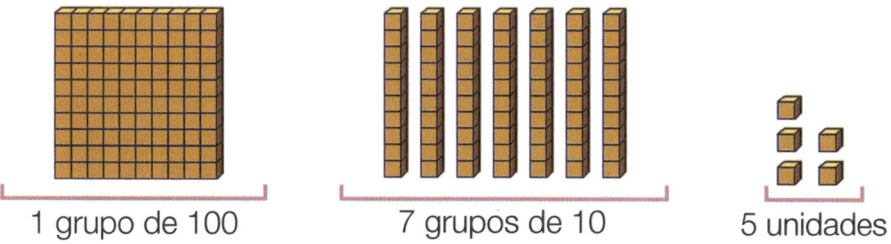

1 grupo de 100   7 grupos de 10   5 unidades

A escrita matemática no quadro de ordens indica:

CENTENA	DEZENA	UNIDADE
1	7	5

Registrando: 1 × 100   +   7 × 10   +   5
              100   +   70   +   5   =   175

ATIVIDADES

1 Observe as quantidades representadas e faça o que se pede.

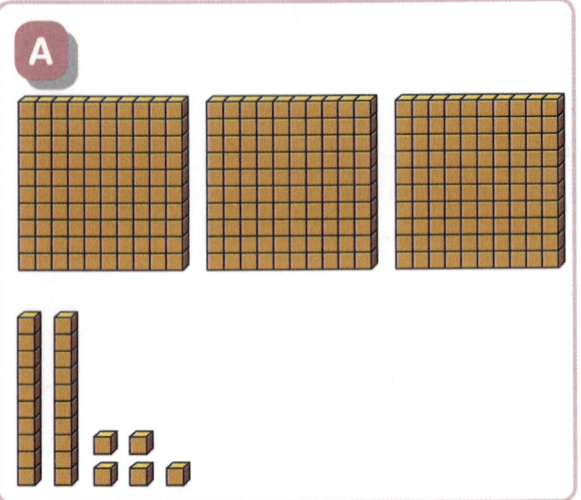

- A figura **A** indica _____ centenas, _____ dezenas e _____ unidades.
- Escreva a representação numérica.
  _____

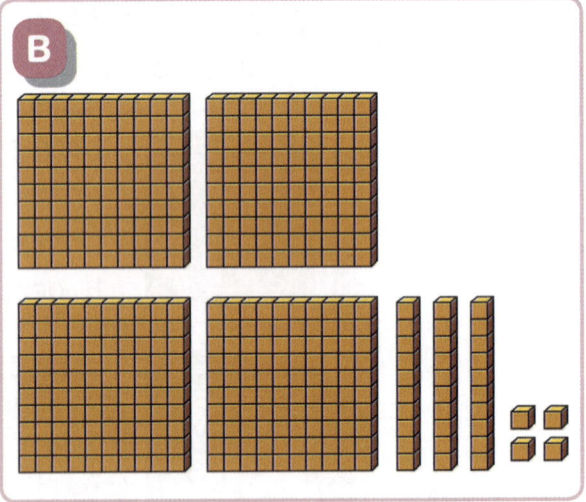

- A figura **B** indica _____ centenas, _____ dezenas e _____ unidades.
- Escreva a representação numérica.
  _____

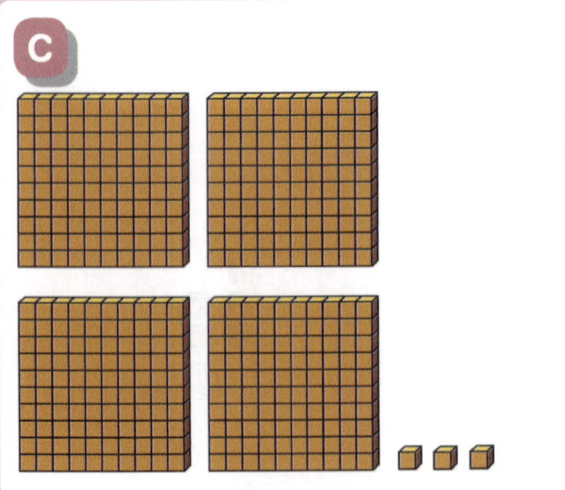

- A figura **C** indica _____ centenas, _____ dezenas e _____ unidades.
- Escreva a representação numérica.
  _____

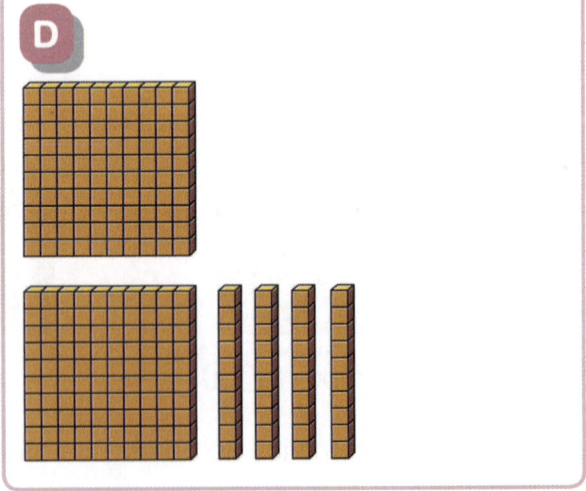

- A figura **D** indica _____ centenas, _____ dezenas e _____ unidades.
- Escreva a representação numérica.
  _____

2 Observe os cubinhos.

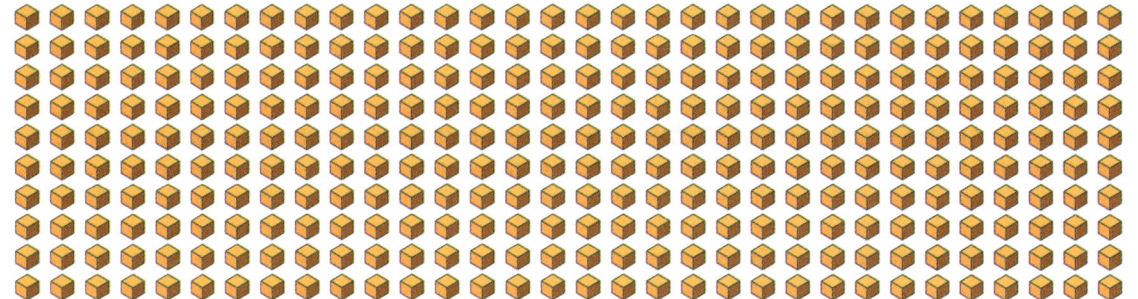

a) Agrupe os cubinhos em dezenas. Quantas dezenas são? _____
b) Quantas unidades são? _____
c) Sobra algum cubinho solto, sem formar uma dezena completa? Quantos?
_____
d) Agrupe os cubinhos em centenas. Quantas centenas são? _____
e) Sobra algum cubinho solto, sem formar uma centena completa? Quantos?
_____

3 Conte esses outros cubinhos.

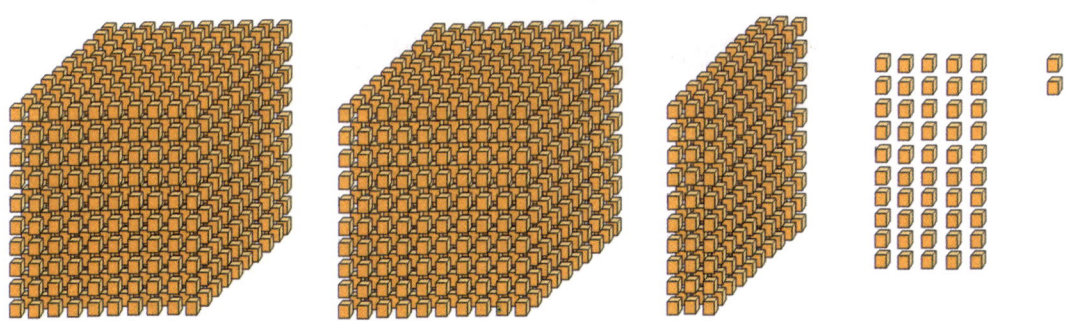

a) Agrupe os cubinhos em dezenas. Quantas dezenas são?_____
b) Sobra algum cubinho solto, sem formar uma dezena completa? Quantos?
_____
c) Agrupe os cubinhos em milhar. Quantas milhares são? _____
d) Sobra algum cubinho solto, sem formar uma milhar completa? Quantos?
_____
e) Quantas unidades são? _____

Ordens e classes

Outra característica do nosso sistema de numeração é que ele segue o princípio do **valor posicional do algarismo**, isto é, cada algarismo tem um valor de acordo com a posição que ocupa na representação do número.

O **ábaco vertical** é um recurso que pode ser utilizado para representar unidades, dezenas, centenas, unidades de milhar, dezenas de milhar e centenas de milhar. Com ele fica mais fácil visualizar as posições e as ordens dos algarismos no sistema de numeração decimal.

Observe a quantidade representada.

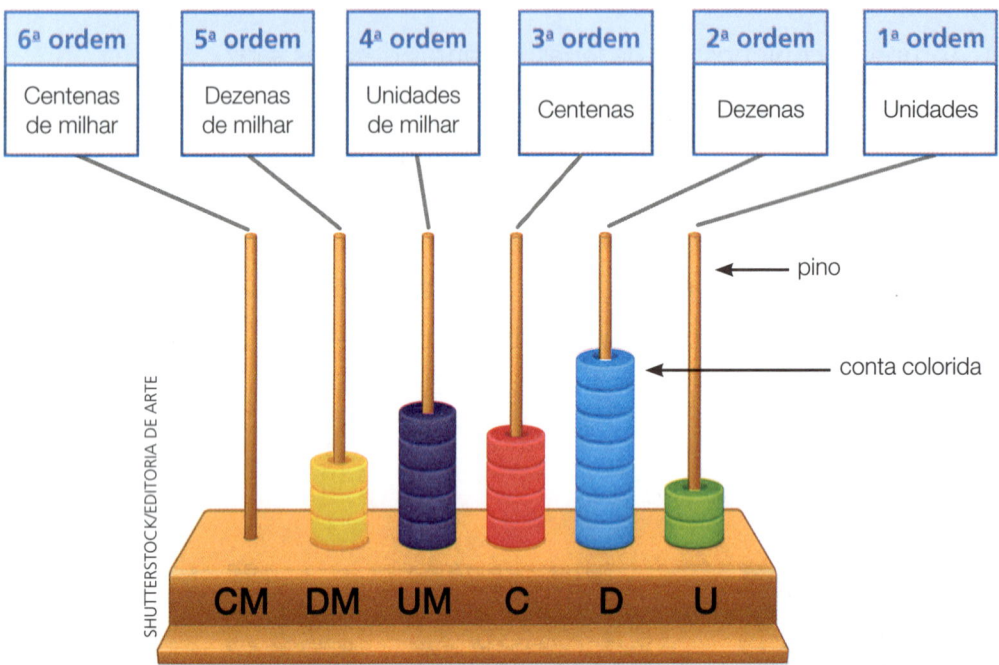

Cada pino do **ábaco vertical** representa uma ordem do sistema de numeração decimal. A quantidade de contas coloridas em cada pino representa o valor da ordem. Três ordens formam uma classe.

Ordem	5ª	4ª	3ª	2ª	1ª
Nome	Dezena de milhar	Unidade de milhar	Centena	Dezena	Unidade
Quantidade de contas	3	5	4	7	2
Quantidade representada	3 × 10 000 = = 30 000	5 × 1 000 = = 5 000	4 × 100 = = 400	7 × 10 = 70	2 × 1 = 2

Basta adicionar as quantidades para descobrir o número representado no ábaco:

30 000 + 5 000 + 400 + 70 + 2 = 35 472

Para melhor visualizar as classes e as ordens, utilizamos o quadro de ordens.
Observe o número 35 472 no quadro de ordens.

2ª CLASSE			1ª CLASSE		
Milhares			Unidades		
6ª ordem	5ª ordem	4ª ordem	3ª ordem	2ª ordem	1ª ordem
Centenas	Dezenas	Unidades	Centenas	Dezenas	Unidades
	3	5	4	7	2

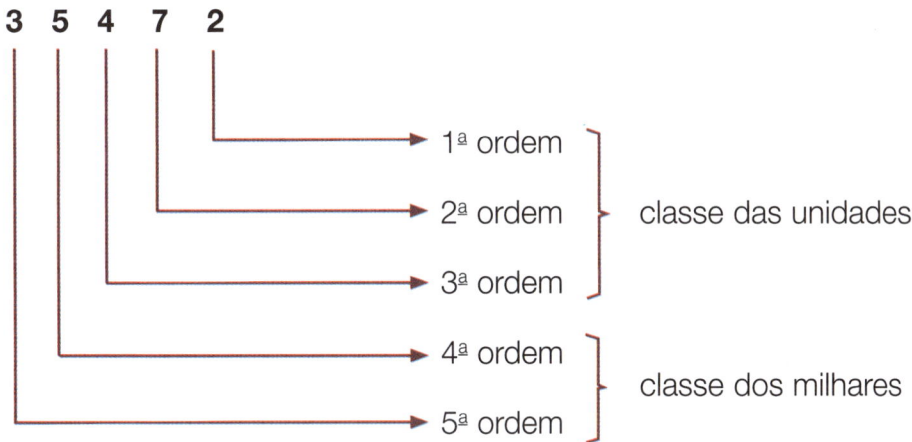

O número 35 472 tem 5 ordens: 3 dezenas de milhar, 5 unidades de milhar, 4 centenas, 7 dezenas e 1 unidade.

ATIVIDADES

1 Converta as quantidades abaixo em unidades e escreva os números encontrados.

15 D e 6 U = _____ U   260 D = _____ U

45 D e 8 U = _____ U   4 UM, 4 C e 4 D = _____ U

32 C = _____ U   2 UM e 23 D = _____ U

7 C e 15 D = _____ U   1 UM e 2 D = _____ U

Agora, escreva esses números em ordem crescente.

_____

_____

2 Leia e escreva o número correspondente.

a) sete dezenas _____

b) quatro unidades _____

c) três centenas _____

d) setenta dezenas _____

e) oito dezenas e sete unidades _____

f) duas centenas e cinco dezenas _____

3 Escreva quantas ordens há em cada número.

263 _____	1 001 _____	9 _____
100 _____	45 562 _____	4 003 _____
10 _____	999 _____	10 000 _____

4 Observe os números representados no quadro de ordens e complete as frases.

CLASSE DOS MILHARES			CLASSE DAS UNIDADES		
C	D	U	C	D	U
	6	5	4	9	2
	9	2	1	8	7

a) O número 65 492 tem _____ ordens e _____ classes.

• O algarismo 2 ocupa a _____ ordem, a das _____.

• O algarismo 9 ocupa a _____ ordem, a das _____.

• O algarismo 4 ocupa a _____ ordem, a das _____.

• O algarismo 5 ocupa a _____ ordem, a das _____.

• O algarismo 6 ocupa a _____ ordem, a das _____.

b) O número 92 187 tem _____ ordens e _____ classes.

- O algarismo 7 ocupa a _____ ordem, a das _____.

- O algarismo 8 ocupa a _____ ordem, a das _____.

- O algarismo 1 ocupa a _____ ordem, a das _____.

- O algarismo 2 ocupa a _____ ordem, a das _____.

- O algarismo 9 ocupa a _____ ordem, a das _____.

5 Escreva os números por extenso.

2 337 _____

1 807 _____

6 422 _____

6 Escreva em algarismos o número correspondente a:

a) duas mil, quatrocentas e sessenta unidades _____

b) três mil, quinhentas e setenta unidades _____

c) cinco mil, cento e nove unidades _____

d) oito mil, setecentas e vinte unidades _____

e) oitocentas e noventa unidades _____

f) três mil, quinhentas e trinta e nove unidades _____

g) sete mil e quinze unidades _____

7 Em cada caso, preencha o quadro de ordens com os respectivos números. Depois, escreva a decomposição desse número e como se lê. O primeiro item já está feito.

a) 4921

Ordem	CM	DM	UM	C	D	U
Algarismo			4	9	2	1
Quantidade representada			4 × 1 000 = 4 000	9 × 100 = 900	2 × 10 = 20	1 × 1 = 1

Decomposição: 4 000 + 900 + 20 + 1
Lê-se: quatro mil, novecentos e vinte e um.

b) 7 248

Ordem	CM	DM	UM	C	D	U
Algarismo						
Quantidade representada						

Decomposição: _____
Lê-se: _____

c) 16 009

Ordem	CM	DM	UM	C	D	U
Algarismo						
Quantidade representada						

Decomposição: _____
Lê-se: _____

d) 14 810

Ordem	CM	DM	UM	C	D	U
Algarismo						
Quantidade representada						

Decomposição: _____
Lê-se: _____

PARA SE DIVERTIR

Brincando com palitos

1 Observe o número 8 888 com palitos.

Retire apenas 4 palitos e encontre o antecessor de 10 000.

_____

2 Observe o número 98 423 com palitos.

Mova apenas um palito e obtenha um número com 2 algarismos iguais.

_____

3 Observe o número 4 999 com palitos.

Retire 6 palitos e obtenha um número com 4 algarismos iguais.

_____

LIÇÃO 4
ADIÇÃO COM NÚMEROS NATURAIS

As diversas ideias da adição

Você já deve ter resolvido problemas no seu cotidiano em que precisou calcular uma soma. Para isso, certamente, o problema envolvia alguma das ideias da adição. Observe exemplos de situações envolvendo as ideias da adição.

Juntar ⟶ 2 + 3 = 5

Reunir ⟶ 4 + 5 = 9

Acrescentar ⟶ 4 + 4 = 8

A **adição** é uma operação matemática que está envolvida com as ideias de juntar, reunir ou acrescentar.

Propriedades da adição

Observe as situações:

Situação 1

Eu coletei 6 latinhas de manhã e 3 latinhas à tarde.

E eu coletei 3 latinhas de manhã e 6 à tarde.

6 + 3 = 9 e 3 + 6 = 9

Propriedade comutativa da adição

- Mais exemplos: verifique o que acontece quando invertemos a ordem das parcelas.

```
   2 6          5 2
+  5 2       +  2 6
-------       -------
   7 8          7 8
```

```
   2 2 4        3 0
     3 0      1 4 2
+  1 4 2   +  2 2 4
---------   ---------
   3 9 6      3 9 6
```

Observe.

26 + 52 = 52 + 26
78 = 78

224 + 30 + 142 = 30 + 142 + 224
396 = 396

Trocando-se a ordem das parcelas de uma adição, a soma não se altera. Essa é a **propriedade comutativa** da adição.

Situação 2

Foram plantadas 60 mudas pequenas, 40 médias, ou seja, 100 mudas. Mais 50 grandes. Ao todo, 150 mudas.

Foram plantadas 60 mudas pequenas. Depois, 40 médias mais 50 grandes, que juntas são 90 mudas. Ao todo, são 150 mudas.

$$(60 + 40) + 50 = 60 + (40 + 50) = 150$$
$$100 + 50 = 60 + 90 = 150$$

Propriedade associativa da adição

- Mais exemplos: verifique o que acontece quando associamos as parcelas de modos diferentes.

$$20 + 90 + 110 = 20 + 90 + 110$$
$$110 + 110 = 20 + 200$$
$$220 \qquad\qquad 220$$

$$(20 + 90) + 110 = 20 + (90 + 110) = 220$$

Associando-se as parcelas de uma adição de modos diferentes, a soma não se altera. Essa é a **propriedade associativa** da adição.

Situação 3

"Eu fiz 75 pontos na primeira rodada e 0 ponto na segunda rodada. Ao todo, nas duas rodadas, fiz 75 pontos."

$$75 + 0 = 75$$
Elemento neutro

Adicionando-se 0 a qualquer número natural, o resultado é sempre esse número natural. Essa é a **propriedade do elemento neutro**. O zero (0) é o elemento neutro da adição.

Situação 4

"Pensei em um número natural qualquer. Adicionei 80 a esse número e obtive como resultado outro número natural. Qual seria uma possível adição como essa que pensei?"

Há muitas possibilidades. Veja um exemplo:

$$\begin{array}{r} 120 \\ +\ \ 80 \\ \hline 200 \end{array}$$

- 120 e 80 → **parcelas** ou **termos da adição**
- 200 → **soma** ou **total** (resultado da adição)

- Apresente você também uma possibilidade de adição como essa pensada pelo garoto. Compartilhe com os colegas.

A adição de dois ou mais números naturais sempre dá como resultado um número natural. Essa é a **propriedade do fechamento** da adição.

ATIVIDADES

1 Assinale com **V** (verdadeiro) ou **F** (falso).

( ) Quando juntamos duas quantidades estamos utilizando uma das ideias da adição.

( ) "Eu tinha 5 figurinhas na minha coleção. Acrescentei mais 3 e fiquei com 8." Essa é a ideia de acrescentar da adição.

( ) Quando separamos duas quantidades de objetos em dois grupos, estamos utilizando uma das ideias da adição.

( ) "No campeonato entre escolas reunimos 5 times da Escola Legal e 9 times da Escola Galera, ao todo participaram 14 times." Essa **não** é uma ideia da adição.

2 Ligue cada operação a uma das propriedades da adição.

36 + 42 = 42 + 36 = 78	Associativa
(125 + 25) + 305 = 125 + (25 + 305) = 455	Elemento neutro
2 035 + 495 = 2 530	Fechamento
399 + 0 = 399	Comutativa

3 Escreva o nome dos termos da adição.

```
    3 1 0 2  ⟶ _____
  + 5 0 8 8  ⟶ _____
    ───────
    8 1 9 0  ⟶ _____
```

4 Calcule "de cabeça". Utilize as propriedades comutativa e associativa para facilitar o cálculo.

$$315 + 98 + 285 = (315 + 285) + 98 = 600 + 98 = 698$$

a) 105 + 28 + 195 = _____

b) 225 + 79 + 75 = _____

c) 215 + 42 + 285 = _____

d) 91 + 355 + 345 = _____

Operações inversas

Observe cada uma das operações que Isadora e Kaique fizeram:

Isadora

Kaique

$376 + 451 = ?$

$523 + 74 + 157 = ?$

```
  ¹3 7 6         ⁷8̷¹2̷ 7
+   4 5 1      −   3 7 6
  ─────────      ─────────
    8 2 7          4 5 1
```

```
  ¹5 ¹2 3                         ⁶7̷ ¹⁴5̷ ¹4̷
+     7 4       5 2 3           −   5 9 7
    1 5 7     +   7 4           ─────────
  ─────────   ─────────             1 5 7
    7 5 4         5 9 7
```

Isadora queria ter certeza de que o resultado da adição estava certo. Por isso, ela "tirou a prova" efetuando uma subtração, que é a operação inversa da adição.

Subtrai-se da soma uma das parcelas e obtém-se a outra parcela. A adição e a subtração são **operações inversas**.

Kaique também quis conferir a conta dele, que tinha três parcelas. Por isso, ele fez assim:

- Separou uma das três parcelas, por exemplo, ele escolheu 157.
- Adicionou entre si as duas parcelas restantes: 523 + 74.
- Subtraiu da soma das três parcelas (754) a soma das duas parcelas (597).
- Ele obteve, como resultado dessa subtração, aquela parcela que tinha separado: 157.
- Com isso, ele teve certeza de que a conta estava certa.

Em uma adição de três ou mais parcelas, quando separamos uma delas e retiramos do total a soma das demais parcelas, a parcela separada aparece como resultado.

ATIVIDADES

1 Arme e calcule o resultado de cada adição. Faça como Isadora: confira os resultados das suas contas.

a) 459 + 338 = _____

b) 2 509 + 783 = _____

c) 8 950 + 7 083 = _____

d) 15 314 + 9 709 = _____

2 Agora arme e calcule o resultado dessas adições com três parcelas. Faça como Kaique para verificar se os resultados estão corretos.

a) 591 + 370 + 125 = _____

b) 5 091 + 3 007 + 1 205 = _____

c) 7 779 + 2 922 + 5 595 = _____

d) 16 227 + 5 066 + 9 533 = _____

3 Calcule o resultado das adições, aplicando a propriedade comutativa e a associativa da adição. Veja o exemplo.

1 035 + 2 500 + 3 065 =
1 035 + 3 065 + 2 500 =
4 100 + 2 500 =
6 600

a) 120 + 199 + 180 = _____

b) 1 060 + 123 + 2 040 = _____

c) 1 025 + 1 098 + 3 075 = _____

d) 2 030 + 4 197 + 2 070 = _____

e) 10 800 + 20 130 + 10 200 = _____

f) 26 000 + 11 290 + 14 000 = _____

g) 43 000 + 10 120 + 17 000 = _____

h) 19 100 + 22 330 + 10 900 = _____

4 Calcule o resultado das adições nos quadros de ordens.

UM	C	D	U
5	1	1	9
	8	8	3

+ (segunda linha)

UM	C	D	U
	7	7	8
4	3	0	7

+

UM	C	D	U
4	0	6	9
3	9	6	1

+

UM	C	D	U
		2	3
	1	5	7
2	9	3	0

+

UM	C	D	U
	1	2	1
		1	2
2	5	6	7

+

UM	C	D	U
4	0	1	9
2	1	8	2
3	2	1	3

+

DM	UM	C	D	U
1	5	0	1	0
	4	3	9	2

+

DM	UM	C	D	U
	2	1	3	7
1	9	1	2	5

+

DM	UM	C	D	U
1	2	3	4	5
2	2	3	8	7

+

DM	UM	C	D	U
4	5	0	7	9
4	5	3	7	9

+

DM	UM	C	D	U
1	3	3	3	3
2	7	7	7	7

+

DM	UM	C	D	U
8	1	9	3	9
1	2	9	8	8

5 Efetue as adições no seu caderno e registre os resultados.

a) 365 + 279 = _____

c) 748 + 2981 + 945 = _____

b) 3 448 + 76 = _____

d) 21 940 + 1 334 + 68 = _____

PROBLEMAS

1 Paulo tem 96 bolas de gude. Pedro tem 37 bolas de gude a mais que Paulo. Plínio tem 85. Quantas bolas de gude têm os três juntos?

Resposta: _____

2 Numa quitanda, há 4 centenas e meia de melancias, 3 centenas e 7 dezenas de laranjas e 2 centenas de abacates. Quantas frutas há na quitanda?

Resposta: _____

3 Para uma festa de aniversário, mamãe fez 6 centenas de coxinhas, 5 centenas e meia de empadas e 348 pastéis. Quantos salgadinhos mamãe fez?

Resposta: _____

4 Uma bibliotecária levantou a quantidade de livros do acervo e descobriu que havia 12 198 livros de interesse geral e 8 707 livros de literatura. Quantos livros há ao todo no acervo?

Resposta: _____

5 No depósito do supermercado há três sabores de sucos. Há 1 450 garrafas de suco de laranja, 985 garrafas de suco de caju e 1 350 de suco de pêssego. Quantas garrafas de suco há ao todo no depósito?

Resposta: _____

6 Uma rede de escolas tem 12 306 alunos que estudam de manhã e 8 915 que estudam à tarde. Quantos alunos estudam nessa rede de escola?

Resposta: _____

7 Um armazém de grãos tinha 46 376 sacas de milho. Hoje recebeu da Fazenda Fartura mais 28 908 sacas de milho. Quantas sacas de milho há agora nesse armazém?

Resposta: _____

DESAFIO

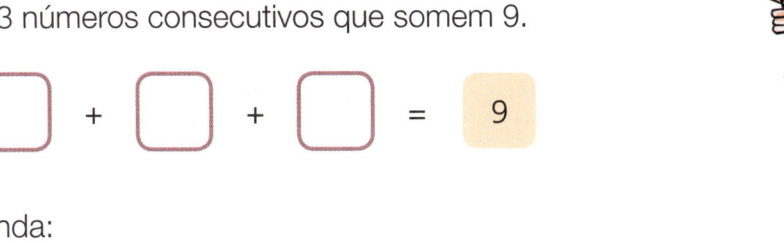

> Consecutivos são números que vêm um imediatamente após o outro na ordem habitual. Exemplos: 5, 6 e 7.

1 O número 6 pode ser a soma de 3 números consecutivos.

$$1 + 2 + 3 = 6$$

- Encontre 3 números consecutivos que somem 9.

$$\square + \square + \square = 9$$

Agora, responda:

- Quais dos números abaixo são a soma de 3 números consecutivos?

12   15   18   10   16

2 A adição está presente nos cálculos do dia a dia, até mesmo em brincadeiras. Você sabe preencher quadrados mágicos?

O quadrado mágico é um quadrado composto de colunas e linhas que determinam células, e em cada célula há um número. A magia do quadrado está no fato de que a soma dos números em cada linha, em cada coluna e em cada diagonal principal dá sempre o mesmo resultado. Que tal brincar de quadrados mágicos com os colegas?

Complete estes quadrados mágicos usando alguns dos números de 0 a 9 de maneira que a soma dos números na horizontal, na vertical e nas diagonais seja sempre 9.

3	2	4
4	3	2
2	4	3

Este quadrado mágico usou números de 0 a 7.

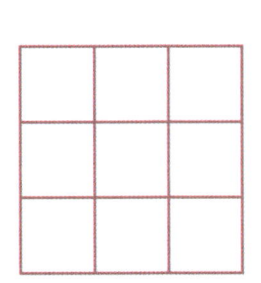

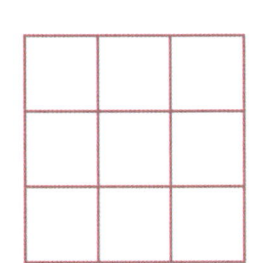

EU GOSTO DE APRENDER MAIS

1 Leia o problema e veja o plano que Emanuel criou para resolvê-lo.

> O estado do Espírito Santo tem 56 170 propriedades rurais com plantio de café e outras 26 230 que não plantam café. Ao todo, nessas fazendas, há aproximadamente 330 mil pessoas empregadas. Quantas propriedades rurais há no Espírito Santo?

Para pensar num plano eu observei os dados, a pergunta e a operação a ser usada.

Pergunta do problema:
Quantas propriedades rurais há no ES?

Dados que interessam ao problema:
56170 fazendas de café e
26230 fazendas que não plantam café

Operação: adição
Estratégia: algoritmo da adição
obs.: essa adição tem reagrupamento
Resposta esperada: próximo de 82.000

a) Por que você acha que Emanuel começou anotando a pergunta?

_____

_____

_____

b) Há algum dado no problema que não é importante para responder à pergunta?

_____

- Observe os detalhes do plano de Emanuel. O que mais chama sua atenção? Comente com os colegas.

- Você acha importante estimar o resultado antes de resolver o problema?

2 Leia o problema seguinte. Elabore um plano e depois resolva-o no seu caderno.

> Uma festa de Carnaval fora de época reuniu 13 230 pessoas da cidade e 8 770 das cidades do entorno. A festa durou três dias. Quantas pessoas compareceram a essa festa?

5 SUBTRAÇÃO COM NÚMEROS NATURAIS

As diversas ideias da subtração

Diversos problemas do nosso cotidiano podem ser resolvidos ao calcular uma diferença entre dois valores. Nesse caso, a situação envolve algumas das ideias da subtração.

Observe exemplos de situações envolvendo as ideias da subtração.

Fernanda está na feira com a mãe. Ela tinha 20 reais e tirou 6 para pagar as maçãs.

Quantos reais ainda ficaram na carteira dela?

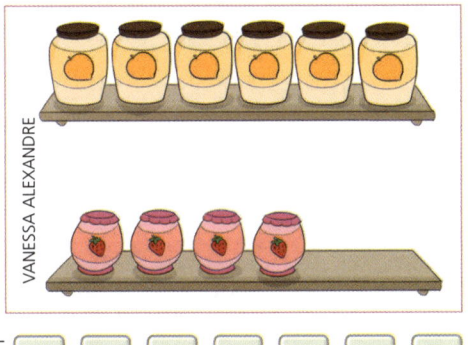

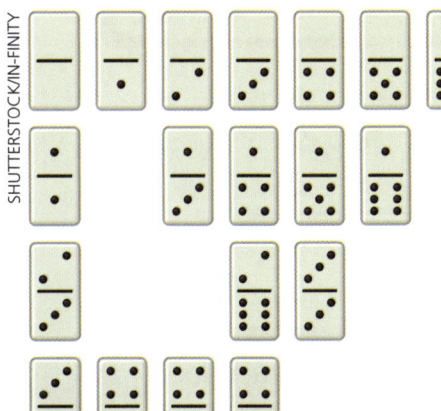

Tirar → 20 − 6 = 14

Uma estante tem 6 conservas de pêssego numa prateleira e 4 de morango em outra prateleira. Quantas conservas de pêssego há a mais do que de morango?

Comparar → 6 − 4 = 2

Um jogo de dominó tradicional sempre tem 28 peças. O jogo de dominó de uma sala de aula está com 19 peças reunidas. Quantas peças estão faltando nesse jogo?

Completar → 28 − 19 = 9

43

> A **subtração** é uma operação matemática que está envolvida com as ideias de tirar, comparar e completar.

- Observe as operações efetuadas em cada situação anterior e responda a cada uma das perguntas feitas nessas situações.
- Qual das ideias da subtração você acha que mais utiliza no seu dia a dia? Explique para os colegas.

Alguns fatos sobre a subtração

Observe as operações:

```
minuendo    ——→    2  ④5  ¹4        1  2  8   ←—— parcela
subtraendo  ——→  − 1   2  8       + 1  2  6   ←—— parcela
resto ou diferença ——→ 1  2  6        2  5  4   ←—— soma ou total
```

> Adicionando-se o resto ao subtraendo, obtém-se o minuendo.

Observe essas outras operações:

```
    3  4  8    − 21      3  2  7
  − 1  3  2    − 21    − 1  1  1
    2  1  6              2  1  6
```

> Subtraindo-se o mesmo número do minuendo e do subtraendo, o resto não se altera.

```
    3  4  8    + 21      3  6  9
  − 1  3  2    + 21    − 1  5  3
    2  1  6              2  1  6
```

> Adicionando-se o mesmo número ao minuendo e ao subtraendo, o resto não se altera.

ATIVIDADES

1 Arme e calcule o resultado de cada subtração. Para conferir se você acertou as contas, faça a operação inversa.

a) 659 – 338 = _____

b) 2 509 – 783 = _____

c) 32 518 – 8 403 = _____

d) 8 950 – 5 073 = _____

e) 35 014 – 29 706 = _____

f) 85 014 – 19 709 = _____

2 Veja o exemplo e, mentalmente, calcule o resultado de cada subtração.

10 850 – 4 400 =
6 450

a) 22 300 – 11 300 = _____

b) 36 500 – 12 500 = _____

c) 48 400 – 22 200 = _____

d) 52 600 – 32 300 = _____

e) 47 350 – 27 350 = _____

f) 58 250 – 28 050 = _____

g) 95 550 – 55 050 = _____

h) 83 750 – 81 250 = _____

45

3 Descubra o valor que está escondido em cada retângulo azul. Use os fatos a respeito da subtração.

a)

```
     7  8  4    -32      7  5  2
  -  [    ]    ───►   -  4  0  0
  ─────────     -32    ─────────
     3  5  2             3  5  2
```

b)

```
     8  4  6    +23      8  6  9
  -  [    ]    ───►   -  5  2  6
  ─────────     +23    ─────────
     3  4  3             3  4  3
```

4 Calcule o resultado das subtrações nos quadros de ordens.

UM	C	D	U
5	9	5	9
	8	4	3

UM	C	D	U
4	7	7	8
	9	0	7

UM	C	D	U
4	0	6	9
3	9	6	1

UM	C	D	U
2	1	5	7
	9	3	0

UM	C	D	U
5	2	2	1
2	5	6	7

UM	C	D	U
4	0	1	9
3	2	1	3

DM	UM	C	D	U
1	5	0	1	0
	4	3	9	2

DM	UM	C	D	U
3	2	1	3	7
	9	1	2	5

DM	UM	C	D	U
4	2	3	4	5
2	2	3	8	7

DM	UM	C	D	U
4	5	0	7	9
4	3	3	7	9

DM	UM	C	D	U
7	3	2	3	3
2	0	7	7	7

DM	UM	C	D	U
8	1	0	3	9
2	0	9	8	8

PROBLEMAS

1 Roberto tem 532 selos em sua coleção. Paulo tem 324. Quantos selos Roberto tem a mais que Paulo?

Resposta: _____

2 Faltam apenas 48 páginas para Fernanda terminar de ler seu livro de 394 páginas. Quantas páginas Fernanda já leu?

Resposta: _____

3 Pedro tem 8 anos e seu pai tem 40. A idade da mãe é a diferença entre a idade do pai e a do filho. Qual é a idade da mãe de Pedro?

Resposta: _____

4 A soma de 3 números é 7 168. O primeiro é 2 481 e o segundo, 3 963. Qual é o terceiro?

Resposta: _____

5 A diretora de uma biblioteca municipal pretende atingir a meta de 36 000 livros no acervo. A biblioteca já tem 22 198 livros. Quantos livros faltam para atingir a meta?

Resposta: _____

6 A cidade A tem 41 450 casas e a cidade B tem 38 985 casas. Quantas casas a cidade A tem a mais do que a cidade B?

Resposta: _____

7 Uma rede de escolas tem 12 306 alunos que estudam de manhã e 8 915 que estudam à tarde. Quantos alunos estudam de manhã a mais do que os que estudam à tarde?

Resposta: _____

8 O diretor de uma fábrica deseja produzir 46 380 peças neste mês. Até agora foram produzidas 28 908 peças. Quantas peças faltam produzir até chegar à quantidade desejada pelo diretor?

Resposta: _____

EU GOSTO DE APRENDER MAIS

1 Leia o problema. Depois, veja o plano de resolução que Lara criou.

Uma cidade com 65 000 habitantes está fazendo um movimento a favor da melhoria na educação. É preciso coletar 12 500 assinaturas, e já foram coletadas 8 480. Quantas assinaturas faltam coletar?

YURCHENKO YULA/SHUTTERSTOCK

No meu plano eu já fiz uma estimativa do resultado antes de resolver o problema.

Pergunta do problema:
Quantas assinaturas faltam?

Dados necessários:
12 500 assinaturas a serem coletadas
8 480 já foram coletadas

Operação: subtração
Estimativa do resultado: 4 000

Minha estratégia:
Algoritmo da subtração

12 500
− 8 480
_____

Troque ideias com os colegas.
- Há algum dado no problema que não é necessário para responder à pergunta?
- Que detalhes do plano de Lara chamam sua atenção? Por quê?
- Se fosse você, faria outra estimativa diferente da de Lara para esse problema? Por quê?
- Qual é a resposta exata do problema?

2 Faça como Lara: elabore um plano e depois resolva-o no caderno.

Uma festa de carnaval fora de época reuniu 13 230 pessoas da própria cidade e outras 8 140 das cidades do entorno. A festa durou três dias.

Quantas pessoas da própria cidade compareceram a mais que das outras cidades nessa festa?

VANESSA ALEXANDRE

49

LIÇÃO 6
ÂNGULO E RETA

A ideia de ângulo

Luana e seus amigos estavam brincando de Siga o mestre. Observe as instruções dadas durante a brincadeira:

1. Três passos para a frente:

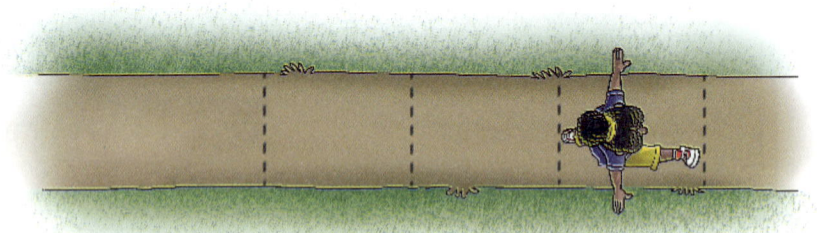

2. Meia volta para a direita:

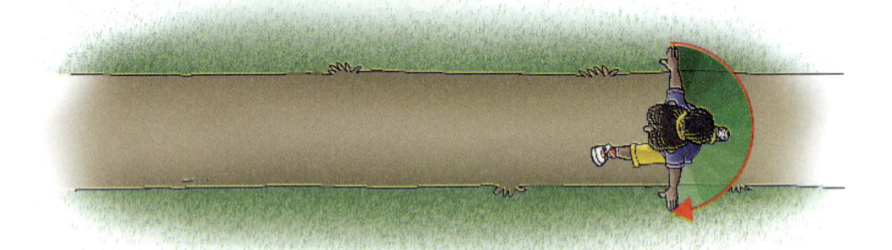

3. Quatro passos para a frente:

4. Giro de um quarto de volta.

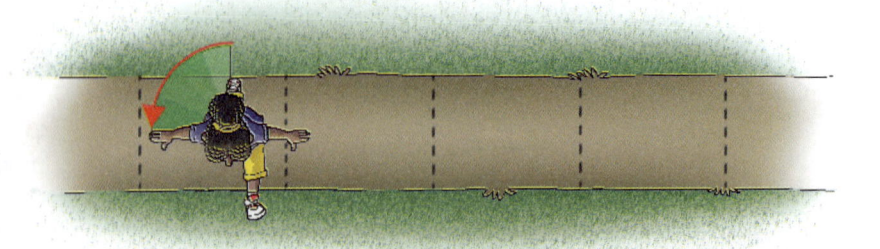

Em 2 Luana deu um giro de meia volta, que é correspondente ao **ângulo raso**.
Em 4 Luana deu um giro de um quarto de volta, que é correspondente ao **ângulo reto**.

> Os giros realizados por Luana representam **ângulos**.
> O giro de um quarto de volta é chamado de ângulo **reto**.
> O giro de meia volta é chamado de ângulo **raso**.

ATIVIDADES

1 Marque com **X** o relógio em que o ponteiro dos minutos deu um giro de um quarto de volta, considerando sempre o 12 como ponto inicial.

2 Se Luana fizer um giro de meia volta ficará de frente para qual amiga?

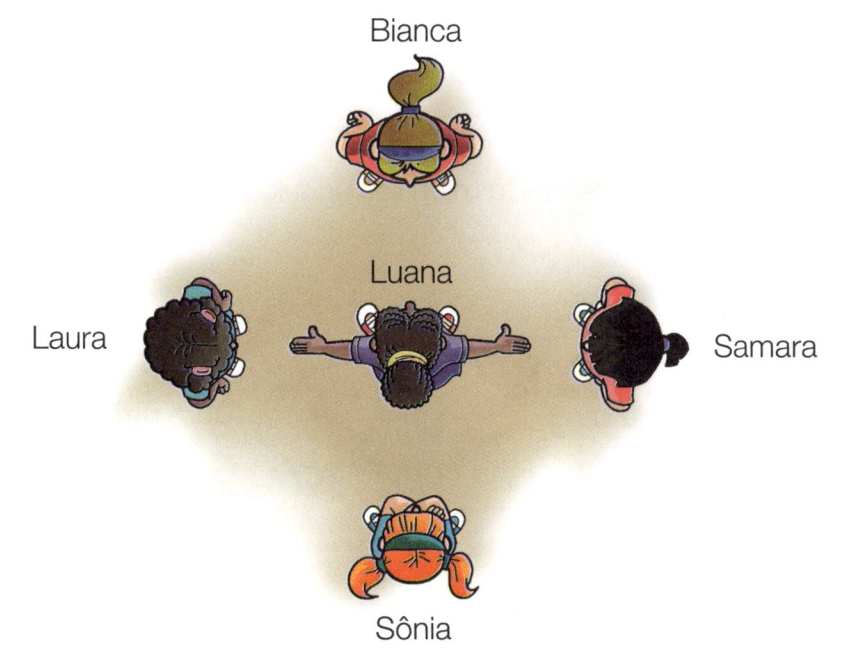

Bianca

Laura   Luana   Samara

Sônia

Retas

Quando nos referimos a uma reta, estamos pensando em uma figura sem espessura, sem começo e sem fim.

> Quando pensamos em uma reta imaginamos uma linha **infinita**, nos dois sentidos.

As **retas** são representadas por meio de uma linha reta e nomeadas pelas letras minúsculas do nosso alfabeto.

reta **r**
r

Retas paralelas, retas perpendiculares e retas concorrentes

Duas retas que não se encontram por mais que se prolonguem, e não se cruzam em nenhum ponto, são chamadas de **retas paralelas**.

Duas retas que se encontram em um ponto são chamadas de **retas concorrentes**.

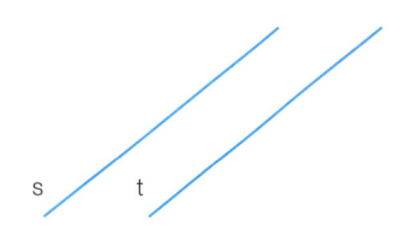

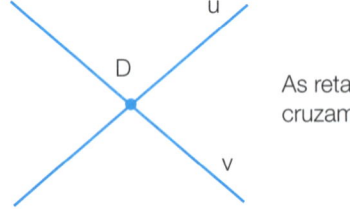

As retas **u** e **v** se cruzam no ponto **D**.

Quando duas retas concorrentes formam um ângulo reto são chamadas de **retas perpendiculares**.

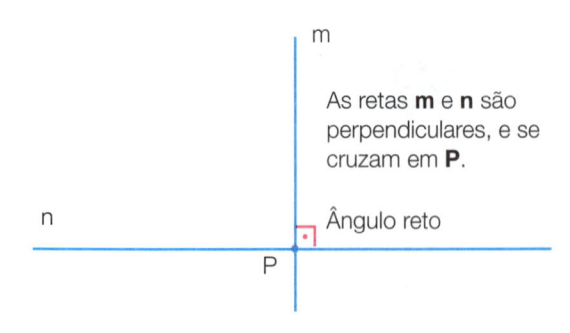

As retas **m** e **n** são perpendiculares, e se cruzam em **P**.

Ângulo reto

> Duas retas perpendiculares se cruzam formando 4 ângulos retos.

O símbolo ⌐• significa ângulo reto.

Uma forma de verificar se um ângulo é reto é comparar o ângulo com o canto do esquadro.

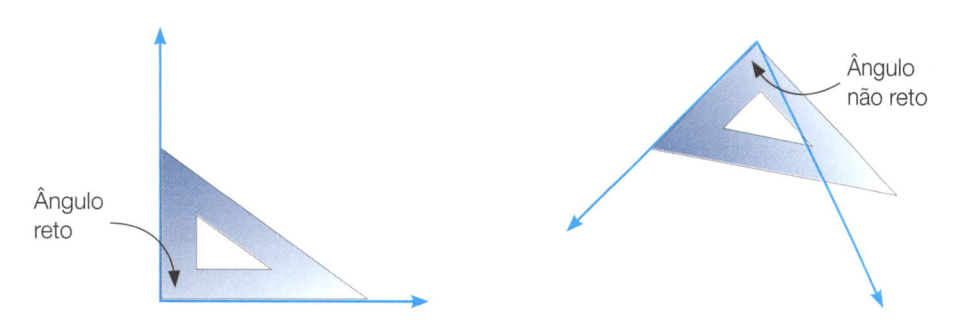

Ângulo reto

Ângulo não reto

> Cada um dos quatro ângulos determinados por duas retas perpendiculares é chamado de **ângulo reto**.

Vamos observar linhas que dão a ideia de retas nas obras de arte.

Muitos pintores e artistas plásticos usam elementos e formas geométricas em suas obras.

ACERVO FUNDAÇÃO JOSÉ E PAULINA NEMIROVSKY, SÃO PAULO, SP

Carnaval em Madureira, (1924), de Tarsila do Amaral. Óleo sobre tela, 76 cm × 63 cm.

Converse com seus colegas e o professor sobre esses elementos e formas geométricas usados pela artista Tarsila do Amaral.

ACERVO FUNDAÇÃO JOSÉ E PAULINA NEMIROVSKY, SÃO PAULO, SP

Veja a obra em detalhes.
- Observe que foram usadas linhas que remetem à ideia de retas que não se encontram: **retas paralelas**. Algumas estão marcadas em verde.
- Agora, observe bem como Tarsila desenhou o telhado das casas e a estrutura da torre. As retas coloridas de azul se encontram em um ponto, certo? São as **retas concorrentes**.
- Observe também as retas formadas pelo encontro das paredes das casas. Elas estão marcadas na cor laranja e formam quatro ângulos retos. Essas retas recebem o nome de **perpendiculares**.

Em várias partes da obra, a pintora usou figuras que lembram formas geométricas como retângulos, triângulos e círculos. Encontre-as.

54

ATIVIDADES

1 Com o auxílio de uma régua, trace uma reta no espaço a seguir.

2 Observe as retas desenhadas. Escreva o nome delas, de acordo com a posição.

a)

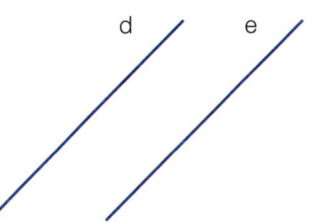

As retas **d** e **e** são _____.

c)

As retas **m** e **n** são _____.

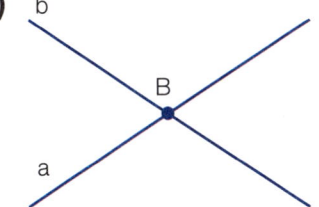

b)

As retas **a** e **b** são _____.

d)

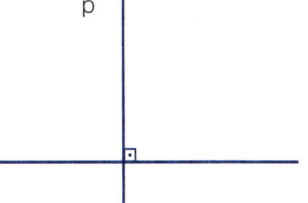

As retas **p** e **q** são _____.

3 Observe sua sala de aula e escreva o nome dos objetos ou dos lugares onde você consegue identificar:

a) Retas paralelas _____

b) Retas perpendiculares _____

c) Retas concorrentes _____

Segmento de reta

Observe a imagem ao lado. Veja que a linha verde está contornando a parte vermelha da casa. Podemos pensar que esse contorno é formado por "pedaços" de reta, que chamamos de **segmentos de reta**.

A palavra segmento vem do latim *segmentum*, que significa "corte".

Segmento de reta é a parte da reta compreendida entre dois de seus pontos, que são chamados de extremos, ou seja, é uma parte da reta que possui começo e fim.

A parte da reta **s** que se inicia no ponto **A** e termina no ponto **B** forma um **segmento de reta**.
Representamos assim: $\overline{AB}$ (lê-se: segmento AB).

O **segmento de reta** é limitado. Ele pode ser medido.

Semirreta

Observe a reta **s** abaixo:

O ponto **A** divide a reta **s** em duas semirretas.
As duas semirretas têm origem no ponto **A**.

As **semirretas** têm origem e são ilimitadas num só sentido, isto é, têm princípio, mas não têm fim.

ATIVIDADES

1 Observe a figura. Nela estão representadas algumas ruas de um bairro.
Escreva:

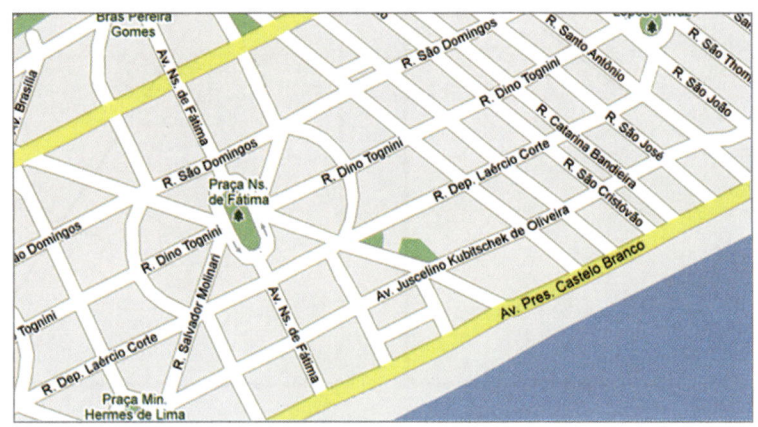

a) Os nomes de duas ruas paralelas.

_____

b) Os nomes de duas ruas concorrentes.

_____

c) Os nomes de duas ruas perpendiculares.

_____

2 Observe as figuras. Complete as frases classificando as retas conforme sua posição.

a)

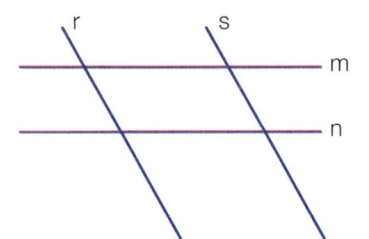

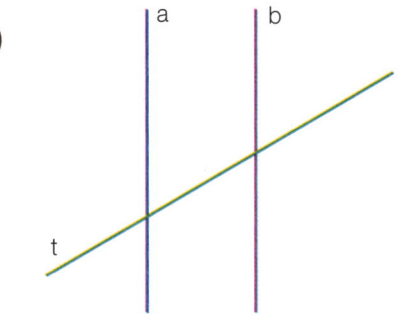

As retas **m** e **n** são _____.

As retas **r** e **m** são _____.

As retas **r** e **n** são _____.

As retas **s** e **n** são _____.

b)

As retas **s** e **m** são _____.

As retas **r** e **s** são _____.

As retas **a** e **b** são _____.

As retas **t** e **a** são _____.

As retas **t** e **b** são _____.

57

3 Desenhe:

a) uma reta **s** paralela à reta **r**.

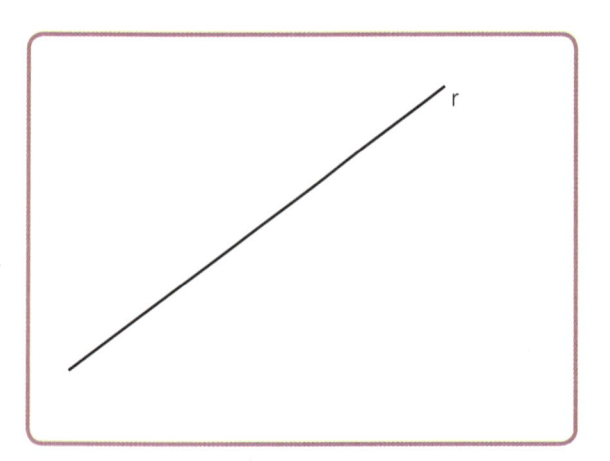

b) uma reta **n** concorrente à reta **t**.

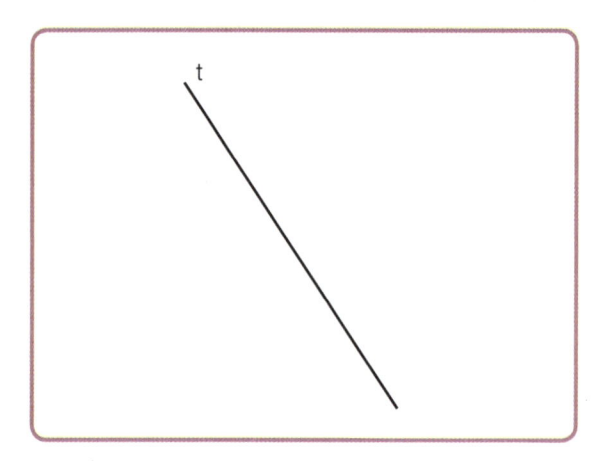

4 Escreva o nome dos segmentos de reta de cada figura.

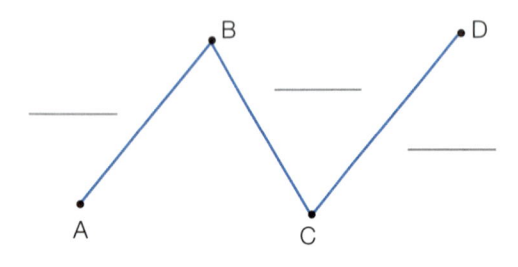

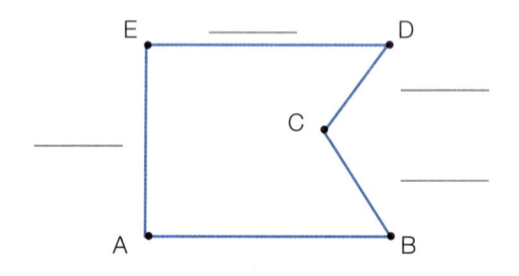

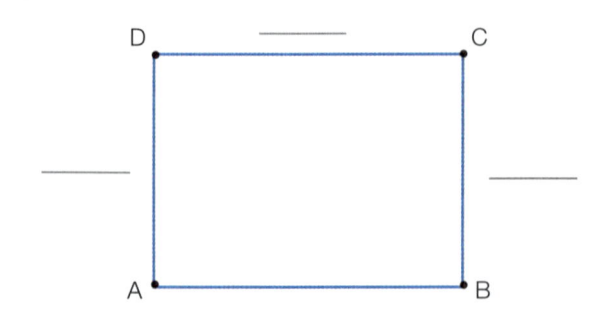

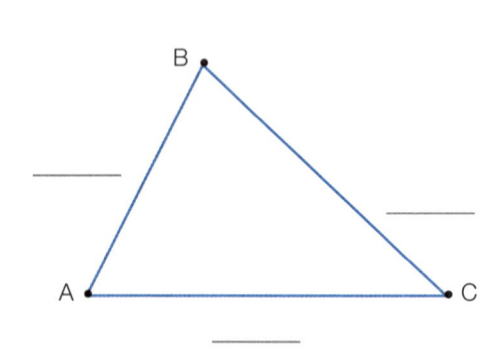

5 Com o auxílio de uma régua, trace segmentos de reta com as medidas indicadas.

a) $\overline{AB} = 3$ cm

c) $\overline{DE} = 5$ cm

b) $\overline{MN} = 1$ cm

d) $\overline{RT} = 2$ cm

UNIDADE 7
MULTIPLICAÇÃO DE NÚMEROS NATURAIS

Ideias da multiplicação

A multiplicação é utilizada em diversos momentos do nosso cotidiano e envolve diferentes ideias: proporcionalidade, comparação, organização retangular e combinação.

Proporcionalidade

Em uma papelaria, cada caderno custa R$ 9,00. Luís comprou 6 cadernos. Quanto ele gastou?

Esse problema envolve a ideia de proporcionalidade. O valor gasto aumenta proporcionalmente à quantidade de cadernos comprados.

Observe duas estratégias que podem ser utilizadas para resolver o problema:

Estratégia 1	Estratégia 2
9 + 9 + 9 + 9 + 9 + 9 = 54	6 × 9 = 54

Na primeira estratégia, utilizamos a adição e, na segunda, a multiplicação. Logo, Luís gastou R$ 54,00 com os cadernos.

Comparação

Kátia tem 10 selos em sua coleção. Gilberto tem 3 vezes mais selos que Kátia. Gilberto tem quantos selos?

Nesta situação, há uma comparação entre a quantidade de selos de Kátia e a de Gilberto.

Então, 3 × 10 = 30, ou

$$\begin{array}{r} 3 \\ \times\ 10 \\ \hline 30 \end{array}$$

3 e ×10 — fatores
30 — produto

Logo, Gilberto tem 30 selos.

ATIVIDADES

1 O pacote de suco que Mariana comprou tinha 6 garrafas com 2 litros cada. Quantos litros de suco ela comprou?

_____

2 Mariana pagou R$ 2,30 por garrafa de suco. Quanto ela pagou por pacote?

_____

3 Na escola de Mariana, há 3 turmas de 4º ano. Cada uma tem 32 alunos. Quantos alunos estudam no 4º ano da escola?

_____

4 A biblioteca da escola recebeu 16 pacotes com 5 livros em cada um. Quantos livros a biblioteca recebeu?

_____

5 O time de basquete de visitantes fez 5 vezes mais pontos que o time da casa. Se o time da casa fez 15 pontos, quantos pontos fizeram os visitantes?

_____

Disposição retangular

Marcelo está reformando sua casa e deseja trocar o piso da cozinha. Para descobrir a quantidade de lajotas que precisa comprar, Marcelo contou a quantidade de linhas e de colunas do espaço. Observe:

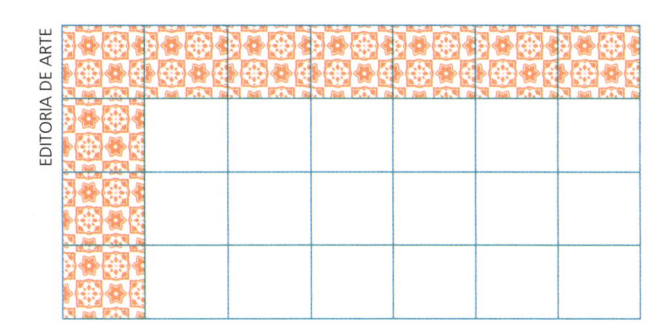

Sabendo que são 4 linhas e 7 colunas, Marcelo realizou uma multiplicação para descobrir o total de lajotas:

$$4 \times 7 = 28$$

Marcelo precisará comprar 28 lajotas para reformar sua cozinha.

- Esta situação está relacionada à ideia de disposição retangular, em que é possível descobrir o número total de elementos por meio da quantidade de linhas e de colunas.

ATIVIDADES

1 Observe os desenhos e responda.

a) Quantas carteiras há na sala de aula?

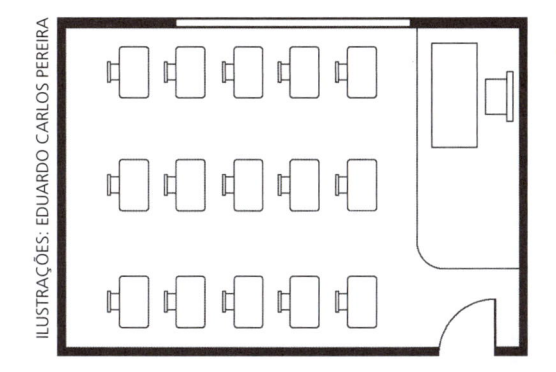

b) Quantas mesas há ao todo no refeitório?

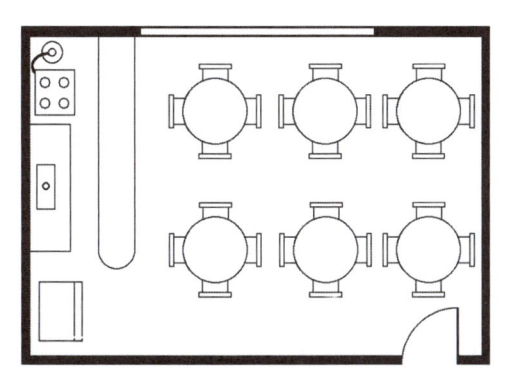

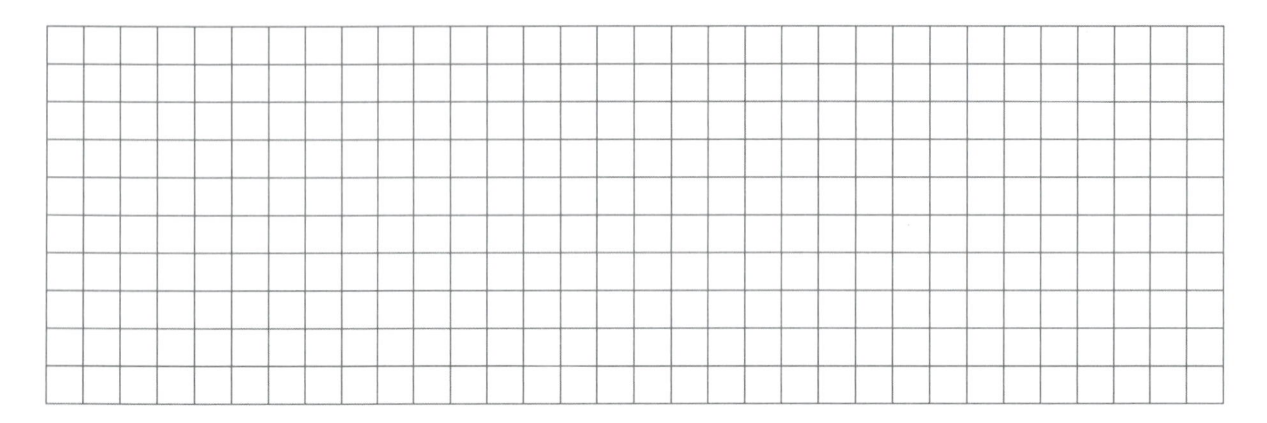

2 No quadriculado abaixo, pinte os quadradinhos para representar as multiplicações.

| 3 × 6 | 4 × 12 | 5 × 8 | 3 × 9 | 7 × 6 |

Combinação

A combinação é outra ideia associada à multiplicação.

Veja um exemplo.

No horário do almoço, a escola vai oferecer macarrão com possibilidade de escolher o tipo de massa e o molho. Haverá 2 tipos de massa – espaguete e gravatinha – e os molhos serão 3 – tomate, queijo e carne moída.
Quantas possibilidades de pratos serão oferecidas no almoço?
Observe no quadro as possibilidades.

	MOLHO DE TOMATE	MOLHO DE QUEIJO	MOLHO DE CARNE MOÍDA
ESPAGUETE	Espaguete-tomate	Espaguete-queijo	Espaguete-carne
GRAVATINHA	Gravatinha-tomate	Gravatinha-queijo	Gravatinha-carne

Temos 6 possibilidades diferentes de pratos.

Para calcular o número total de possibilidades, temos uma combinação de elementos, ou seja, o raciocínio combinatório.

A **combinação** é uma das ideias da multiplicação.

2 tipos de massa × 3 tipos de molho ⟶ 6 combinações

ATIVIDADES

1 Escreva, na forma de multiplicação, o número de flores das figuras.

_____

_____

2 Descubra a regra e preencha os espaços em branco.

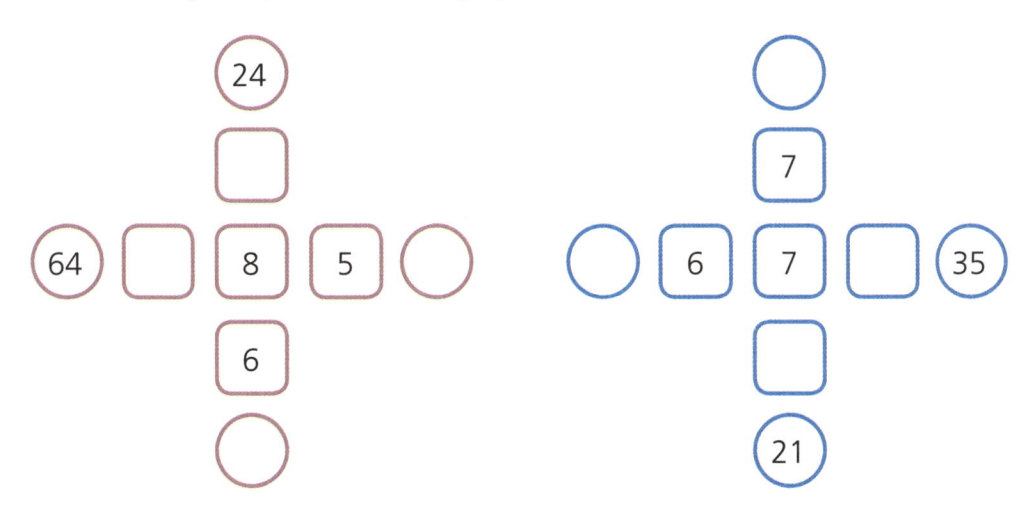

PROBLEMAS

1 A professora do 4º ano resolveu fazer um jardim com os alunos. Ela trouxe 4 tipos de muda de flor (rosa, margarida, cravo, sempre-viva) para plantar. Havia 2 cores de todas as flores: branca e amarela.

Quantas possibilidades de flores de diferentes cores o jardim terá? Complete o quadro.

	ROSA	MARGARIDA	CRAVO	SEMPRE-VIVA
BRANCA				
AMARELA				

São _____ possibilidades de flores com diferentes cores.

2 A cantina da escola vende lanches naturais. Quem compra os lanches pode escolher 2 tipos de pão e 4 tipos de recheio. Quantos tipos de lanche podem ser feitos combinando um tipo de pão com um recheio?

	FRANGO DESFIADO	PEITO DE PERU	QUEIJO BRANCO	PASTA DE ATUM
PÃO INTEGRAL				
PÃO DE AVEIA				

São _____ possibilidades de lanches naturais.

3 Na sala de aula de Mariana, há 3 armários, como o da figura ao lado, para os alunos guardarem seu material. Cada armário tem 3 prateleiras. Em cada uma das prateleiras, há 4 portas.

a) Quantas portas há nos três armários?

_____

b) Sabendo que na sala de Mariana há 32 alunos, faltará ou sobrará armário para todos? Quantos? Responda oralmente.

DESAFIO

Seu João é o novo assistente da escola em que Mariana estuda. Ele é o responsável por manter a escola sempre limpa. Hoje cedo, os alunos trabalharam em grupos e, ao saírem da aula, deixaram as carteiras fora do lugar. Seu João precisou limpar toda a sala e depois organizou as carteiras e cadeiras em colunas e linhas, para receber a turma da tarde. Sabendo que na sala há 36 carteiras e 36 cadeiras, responda:

a) Como ele pode organizar as carteiras em formato de quadrado? Represente a quantidade de carteiras de duas formas:

- com uma operação matemática.

_____

- por meio de um desenho.

b) Você saberia organizar as carteiras de outras formas? Represente matematicamente.

Propriedades da multiplicação

Observe as ilustrações abaixo:
Marcelo ganhou 3 pacotes de figurinhas. Cada pacote continha 5 figurinhas dentro.

$3 \times 5 = 15$

Marcelo ganhou 15 figurinhas no total.
Arthur ganhou 5 pacotes de figurinhas. Cada pacote continha 3 figurinhas dentro.

$5 \times 3 = 15$

Arthur ganhou 15 figurinhas no total.
Marcelo e Arthur ganharam a mesma quantidade de figurinhas, mas distribuídas de forma diferente nos pacotes. Percebemos que:

> Em uma multiplicação, a ordem dos fatores não modifica o produto.

Observe outra situação:

Márcio armazena 9 cajus em cada caixa para vender em sua quitanda. Todos os dias ele vende 3 caixas de cajus para uma lanchonete. Quantos cajus Márcio vende em 2 dias para essa lanchonete?

Observe as possíveis estratégias de resolução:

Multiplicamos a quantidade de cajus pela quantidade de caixas vendidas. Em seguida, multiplicamos o resultado encontrado pela quantidade de dias. Sabemos que 54 cajus foram vendidos para a lanchonete.

Estratégia 1
$(9 \times 3) \times 2 =$
$27 \times 2 = 54$

Multiplicamos a quantidade de caixas pela quantidade de dias. Em seguida, multiplicamos o resultado encontrado pela quantidade de cajus em cada caixa. E então sabemos que 54 cajus foram vendidos para a lanchonete.

Estratégia 2
$9 \times (3 \times 2) =$
$9 \times 6 = 54$

> Em uma multiplicação, a associação dos fatores pode ser feita de diferentes formas mantendo o mesmo produto.

Agora, observe as multiplicações a seguir:

$6 \times 1 = 6$ $9 \times 1 = 9$ $14 \times 1 = 14$
$1 \times 6 = 6$ $1 \times 9 = 9$ $1 \times 14 = 14$

> Multiplicando-se qualquer número natural por **1**, esse número não se altera.

Veja estas operações:

$7 \times 0 = 0$ $8 \times 0 = 0$ $57 \times 0 = 0$
$0 \times 7 = 0$ $0 \times 8 = 0$ $0 \times 57 = 0$

> Multiplicando-se qualquer número natural por **0** (zero), o produto será sempre 0 (zero).

Verifique agora estas operações:

```
    7   multiplicando        35 | 7        35 | 5
  × 5   multiplicador       - 35  5         0   7
   35   produto                0
```

> - Dividindo o produto pelo multiplicando, encontramos o multiplicador.
> - Dividindo o produto pelo multiplicador, encontramos o multiplicando.

ATIVIDADES

1 Complete e resolva, associando os fatores.
(3 × 2) × 7 = 3 × (2 × 7) = 3 × 14 = 42

a) (5 × 1) × 9 = _____

b) 6 × (8 × 3) = _____

c) 9 × (5 × 3) = _____

d) (7 × 4) × 4 = _____

e) (8 × 2) × 6 = _____

f) (3 × 9) × 7 = _____

2 Conforme o exemplo, efetue encurtando a escrita multiplicativa.
5 × 4 × 2 = 5 × 8 = 40

a) 5 × 3 × 8 = _____   **d)** 7 × 4 × 8 = _____

b) 9 × 3 × 3 = _____   **e)** 7 × 6 × 8 = _____

c) 6 × 1 × 3 × 3 = _____   **f)** 4 × 5 × 9 × 1 = _____

3 Relacione as propriedades, escrevendo a letra no quadro correspondente.

a) O produto de dois números naturais é sempre um número natural.

☐ 3 × 2 = 6

b) Trocando-se a ordem dos fatores em uma multiplicação, o produto não se altera.

☐ (6 × 4) × 9 = 6 × (4 × 9)

c) Associando-se os fatores de uma multiplicação de modos diferentes, o produto não se altera.

☐ 7 × 5 = 5 × 7

d) Multiplicando-se qualquer número natural por 1, esse número não se altera.

☐ 9 × 1 = 9

LIÇÃO 8
DOBRO, TRIPLO, QUÁDRUPLO E QUÍNTUPLO

Dobro

2 é dobro de 1
dobro é a mesma coisa 2 vezes
dobro de 2... 4
dobro de 3... 6
tudo tem um dobro
depende do freguês
é a nossa vez
dobro de 4... 8
agora é muito, antes era pouco
dobro de 1... 2
dobro de 3... 6
tudo tem um dobro
depende do freguês
eu tinha 5 figurinhas agora eu tenho o dobro
ele tem 10
eu tenho o dobro da idade do meu irmão
ele tem metade
multiplica por 2
e vê quanto dá depois
dobro de 10... 20
dobro é tão fácil
o negócio é o seguinte
2 vezes a mesma coisa
dobro é o resultado
de olho no espelho, pronto:
estou dobrado...

SALEM, Fernando. *Dobro*. (Canção do quadro "Dedolândia", do programa *Castelo Rá-Tim-Bum*). TV Cultura.

Observe os exemplos.

a) Anita ganhou 6 sorvetes. Julieta ganhou o dobro. Quantos sorvetes Julieta ganhou?
2 × 6 = 12
O dobro de 6 é 12.
Resposta: Julieta ganhou 12 sorvetes.

> Para encontrar o **dobro** de um número, basta multiplicá-lo por **2**.

b) Luiz tem 5 carrinhos. Bruno tem o triplo. Quantos carrinhos Bruno tem?
3 × 5 = 15
O triplo de 5 é 15.
Resposta: Bruno tem 15 carrinhos.

> Para encontrar o **triplo** de um número, basta multiplicá-lo por **3**.

c) Sílvia tem 5 anos. Mônica tem o quádruplo da idade de Sílvia. Quantos anos tem Mônica?

4 × 5 = 20

O quádruplo de 5 é 20.
Resposta: Mônica tem 20 anos.

> Para encontrar o **quádruplo** de um número, basta multiplicá-lo por **4**.

d) André ganhou 6 piões. Carlos ganhou o quíntuplo. Quantos piões Carlos ganhou?

5 × 6 = 30

O quíntuplo de 6 é 30.
Resposta: Carlos ganhou 30 piões.

> Para encontrar o **quíntuplo** de um número, basta multiplicá-lo por **5**.

ATIVIDADES

1 Calcule:

a) o dobro de 12. _____

b) o triplo de 15. _____

c) o quíntuplo de 9. _____

d) o dobro de 48. _____

e) o quádruplo de 24. _____

f) o triplo de 20. _____

g) o quádruplo de 23. _____

h) o triplo de 30. _____

2 Calcule o dobro, o triplo, o quádruplo e o quíntuplo da quantidade de frutas. Complete o quadro.

	DOBRO	TRIPLO	QUÁDRUPLO	QUÍNTUPLO
12 maçãs				
10 peras				
15 laranjas				
20 morangos				
30 abacaxis				

3 Complete as afirmações.

a) 46 é o dobro de _____.

b) _____ é o dobro de 36.

c) _____ é o quíntuplo de 20.

d) 60 é o quíntuplo de _____.

e) _____ é o triplo de 40.

f) 54 é o triplo de _____.

g) _____ é o quádruplo de 16.

h) 81 é o triplo de _____.

i) 62 é o dobro de _____.

j) _____ é o quíntuplo de 41.

4 Procure no Caça-números o que se pede e, em seguida, escreva a resposta no lugar adequado.

a) O dobro de 64 é _____.

b) O triplo de 45 é _____.

c) O quádruplo de 42 é _____.

d) O quíntuplo de 35 é _____.

7	7	4	1	3	5	4
1	9	6	3	7	2	1
7	5	1	0	9	5	0
5	3	6	2	1	2	8
7	6	8	1	8	4	2

5 Complete os quadros calculando.

O DOBRO	
36	72
25	
42	
55	
60	
64	
70	

O TRIPLO	
40	
28	
32	
24	
50	
55	
60	

O QUÁDRUPLO	
18	
20	
16	
42	
31	
45	
65	

O QUÍNTUPLO	
10	
25	
35	
16	
42	
50	
75	

PROBLEMAS

1 Tenho 12 anos. Papai tem o quádruplo da minha idade. Quantos anos tem papai?

Cálculo

Resposta: _____

2 Comprei 24 lápis e meu irmão comprou o triplo da quantia de lápis que comprei. Quantos lápis meu irmão comprou?

Cálculo

Resposta: _____

3 Mamãe fez 230 salgadinhos para a festa de aniversário de Sarita. Vovó fez o dobro dessa quantidade. Quantos salgadinhos vovó fez?

Cálculo

Resposta: _____

4 Danilo tem 128 chaveiros. Ricardo tem o quádruplo da quantidade de chaveiros de Danilo. Quantos chaveiros tem Ricardo?

Cálculo

Resposta: _____

5 Vera comprou 2 dúzias de bombons. Paula comprou o quíntuplo dessa quantidade. Quantos bombons Paula comprou?

Cálculo

Resposta: _____

6 No jogo de roleta, papai fez 570 pontos, mamãe fez o dobro dos pontos de papai e eu fiz 82 pontos a menos que mamãe. Quantos pontos fizemos juntos?

Cálculo

Resposta: _____

7 Numa fazenda, há 3 dúzias de galinhas e 3 dezenas de pintinhos. Quanto animais há ao todo na fazenda? Calcule o quádruplo do total de animais que há na fazenda.

Cálculo

Resposta: _____

8 Marcos tem uma coleção de 126 carrinhos. Cláudio tem o triplo dessa quantidade. Quantos carrinhos Cláudio tem a mais que Marcos?

Cálculo

Resposta: _____

DESAFIO

Observe com muita atenção este quadro de multiplicação.

	1	2	3	4	5	6	7	8	9
1	1	2	3	4	5	6	7	8	9
2	2	4	6	8	10	12	14	16	18
3	3	6	9	12	15	18	21	24	27
4	4	8	12	16	20	24	28	32	36
5	5	10	15	20	25	30	35	40	45
6	6	12	18	24	30	36	42	48	54
7	7	14	21	28	35	42	49	56	63
8	8	16	24	32	40	48	56	64	72
9	9	18	27	36	45	54	63	72	81

1 O número 12 aparece 4 vezes no quadro. Pinte de amarelo os quadrinhos. Esse número é o produto das seguintes multiplicações: 3 × 4; 4 × 3; 2 × 6 e 6 × 2.

2 Encontre na tabela as multiplicações que têm como produto os números 15, 16 e 18. Pinte-os respectivamente de azul, rosa e verde. Complete o quadro abaixo com as multiplicações de cada produto.

PRODUTO	MULTIPLICAÇÕES

3 Nas colunas e nas linhas há um segredo. Descubra qual é e por que isso acontece. Qual é o nome da propriedade que se refere a esse fato?

_____
_____

MULTIPLICAÇÃO COM REAGRUPAMENTO

Juliana comprou 3 caixas de refrigerante para sua festa de aniversário. Cada caixa tem 24 garrafas. Quantas garrafas de refrigerante Juliana comprou?

Observe como se calcula a quantidade de garrafas que Juliana comprou.

	C	D	U
		¹2	4
×			3
		7	2

- Multiplicamos 3 × 4 = 12 ⟶ 1 dezena e 2 unidades.
- Escrevemos o 2 na ordem das unidades e "vai um". A expressão "vai um" significa a troca de 10 unidades por uma dezena. Escrevemos o 1 na ordem das dezenas.
- Em seguida, multiplicamos 3 × 2 dezenas = 6 dezenas.
- Depois, adicionamos as 6 dezenas com a 1 dezena do "vai 1". 6 dezenas + 1 dezena do "vai 1" = 7 dezenas.
- Para finalizar, escrevemos o 7 na ordem das dezenas.

Juliana comprou 72 garrafas de refrigerante.

ATIVIDADES

1 Efetue as multiplicações.

328 × 3	214 × 3	218 × 4	19 × 6
426 × 2	13 × 5	48 × 2	104 × 6
338 × 2	27 × 3	223 × 4	329 × 3

2 Quadro de distribuição de viajantes para uma excursão a Salvador, Bahia.

FASE	Nº DE GRUPOS	Nº DE VIAJANTES POR GRUPO
1ª	5	15
2ª	8	18
3ª	12	26
4ª	15	22

a) Quantos viajantes há na 1ª fase? _____

b) Quantos viajantes há na 3ª fase? _____

c) Em qual das fases há mais viajantes? Quantos? _____

d) Qual o número total de viajantes? _____

PROBLEMAS

1 Dona Rosa foi ao Mercado Municipal e comprou 6 caixas de maçãs. Em cada caixa havia 12 maçãs. Quantas maçãs Dona Rosa comprou?

Cálculo

Resposta: _____

2 Sr. Joaquim, o alfaiate mais antigo da cidade, tem uma caixa que contém 15 carretéis de linha preta. Quantos carretéis há em 6 caixas iguais a essa?

Cálculo

Resposta: _____

3 Para fazer o bolo de aniversário do bairro, as doceiras compraram 5 caixas de ovos. Em cada caixa, havia 12 ovos. Quantos ovos as doceiras compraram para fazer o bolo?

Cálculo

Resposta: _____

4 Invente um problema que possa ser resolvido usando esta multiplicação:

$2 \times 35 = 70$

Multiplicação com reserva na dezena e na centena

Marcos tem 378 bolas de gude e seu primo tem 2 vezes mais. Quantas bolas de gude tem o primo de Marcos?

C	D	U
¹3	¹7	8
×		2
7	5	6

O primo de Marcos tem 756 bolas de gude.

Observe como fizemos esse cálculo.

- Multiplicamos 2 × 8 unidades = 16 unidades que equivalem a 1 dezena e 6 unidades.
- Escrevemos o 1 na ordem das dezenas e o 6 na ordem das unidades.
- Multiplicamos 2 × 7 dezenas = 14 dezenas.
- Adicionamos 1 dezena da multiplicação anterior às 14 dezenas: 14 D + 1 D = 15 D.
- 15 D = 1 centena e 5 dezenas.
- 14 dezenas + 1 dezena do "vai 1" = 15 dezenas ou 1 centena e 5 dezenas.
- Escrevemos o 1 na ordem das centenas e o 5 na ordem das dezenas.
- Multiplicamos 2 × 3 centenas = 6 centenas.
- Adicionamos 1 centena da multiplicação anterior às centenas: 1 C + 6 C = 7 C.
- Calcule e pinte os produtos na tabela:

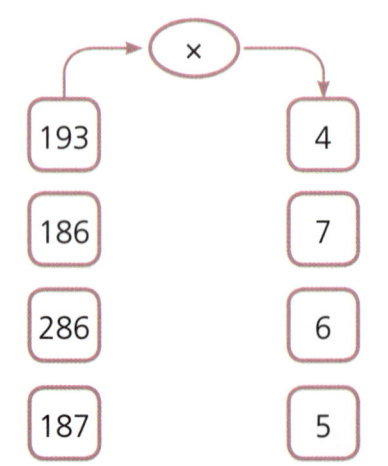

193 × 4
186 × 7
286 × 6
187 × 5

837	1651	965	1302
1772	784	344	1639
487	772	1716	612
1430	602	935	840

ATIVIDADES

1 Efetue as multiplicações nos quadros de ordens.

a)
C	D	U
	3	4
×		3

b)
UM	C	D	U
	5	4	9
×			7

c)
UM	C	D	U
	2	1	6
×			6

d)
UM	C	D	U
	7	3	2
×			5

e)
UM	C	D	U
	3	2	4
×			7

f)
UM	C	D	U
	4	1	9
×			9

g)
UM	C	D	U
3	1	8	5
×			2

h)
UM	C	D	U
2	0	6	7
×			4

Multiplicação com dois algarismos no multiplicador

Uma escola comprou 24 cestas básicas para fornecer aos funcionários. Cada cesta é composta de 16 itens. Calcule o número total de itens.

Para efetuar essa operação, siga estes passos.

Multiplique:

- 24 por 6
  24 × 6 = 144

- 24 por 10
  24 × 10 = 240

```
   2 4          2 4           2 4
 ×   1 6      ×   1 6       ×   1 6
  ─────        ─────         ─────
   1 4 4        1 4 4         1 4 4
                2 4 0       + 2 4 0
                             ─────
                              3 8 4
```

- Adicione os resultados: 144 + 240 = 384. Então, 384 é o resultado da multiplicação.

Resposta: Há 384 itens ao todo.

Atenção!
Quando multiplicamos o algarismo das dezenas do multiplicador, colocamos o resultado embaixo das dezenas, deixando a unidade vazia. Sabe por quê? Isso acontece porque estamos multiplicando por uma dezena (10).

ATIVIDADES

1 Arme e efetue.

237 × 4 = _____	328 × 7 = _____	416 × 3 = _____
562 × 8 = _____	2 479 × 2 = _____	641 × 9 = _____
83 × 24 = _____	95 × 45 = _____	437 × 16 = _____
608 × 12 = _____	330 × 28 = _____	580 × 17 = _____

2 Efetue as multiplicações. Observe os exemplos.

```
      3 2            4 8              2 4 0
  ×   2 0        ×   1 2          ×     2 6
      0 0            9 6            1 4 4 0
  + 6 4          + 4 8            + 4 8 0
    6 4 0          5 7 6            6 2 4 0
```

```
      4 3            5 1              2 8
  ×   4 0        ×   3 0          ×   3 5
```

$$\begin{array}{r} 64 \\ \times\ 27 \\ \hline \end{array}$$

$$\begin{array}{r} 430 \\ \times\ \ 47 \\ \hline \end{array}$$

$$\begin{array}{r} 750 \\ \times\ \ 35 \\ \hline \end{array}$$

3 Uma empresa fornece cestas básicas pelos seguintes preços:

Cesta com 14 itens	Cesta com 18 itens	Cesta com 21 itens
R$ 31,00	R$ 43,00	R$ 56,00

Faça os cálculos e responda.

a) Na sua opinião, por que os preços são diferentes?

_____

_____

_____

b) Quanto uma instituição de caridade pagaria se comprasse 24 cestas com 14 itens?

_____

_____

_____

c) E se comprasse 24 cestas com 18 itens, quanto pagaria?

_____

_____

_____

d) E com 21 itens, qual seria o total gasto?

_____

_____

PROBLEMAS

1 Otávio comprou 13 caixas de bombons. Em cada caixa, havia 46 bombons. Quantos bombons havia nas 13 caixas juntas?

Cálculo

Resposta: _____

2 João vendeu 235 laranjas pela manhã e, à tarde, o quíntuplo dessa quantidade. Quantas laranjas João vendeu à tarde?

Cálculo

Resposta: _____

3 Marcos vendeu 5 caixas de maçãs com 160 maçãs em cada uma e 3 caixas de peras com 80 em cada uma. Quantas maçãs e quantas peras Marcos vendeu?

Cálculo

Resposta: _____

4 Se um fator é 684 e o outro é 76, qual é o produto?

Cálculo

Resposta: _____

5 Um feirante quer separar suas ameixas em 12 caixas. Em cada caixa vai colocar 36 ameixas. Quantas ameixas tem o feirante?

Cálculo

Resposta: _____

6 Cristiane deu 10 doces a cada uma das 123 crianças de uma creche. Quantos doces Cristiane distribuiu ao todo?

Cálculo

Resposta: _____

7 Colei uma dúzia de figurinhas em cada página de um álbum. O álbum tem 66 páginas. Quantas figurinhas colei?

Cálculo

Resposta: _____

8 Em uma escola, há 38 classes com 40 alunos em cada uma. Quantos alunos há na escola?

Cálculo

Resposta: _____

Multiplicação por 10, por 100 e por 1 000

Vamos apresentar algumas regras práticas para a multiplicação por 10, por 100 e por 1 000. Observe.

ADIÇÕES	MULTIPLICAÇÕES
10 + 10 = 20	2 × 10 = 20
10 + 10 + 10 = 30	3 × 10 = 30
10 + 10 + 10 + 10 = 40	4 × 10 = 40
10 + 10 + 10 + 10 + 10 = 50	5 × 10 = 50
100 + 100 = 200	2 × 100 = 200
100 + 100 + 100 = 300	3 × 100 = 300
100 + 100 + 100 + 100 = 400	4 × 100 = 400
100 + 100 + 100 + 100 + 100 = 500	5 × 100 = 500
1 000 + 1 000 = 2 000	2 × 1 000 = 2 000
1 000 + 1 000 + 1 000 = 3 000	3 × 1 000 = 3 000
1 000 + 1 000 + 1 000 + 1 000 = 4 000	4 × 1 000 = 4 000
1 000 + 1 000 + 1 000 + 1 000 + 1 000 = 5 000	5 × 1 000 = 5 000

- Para multiplicar um número por **10**, acrescenta-se **1** zero à direita desse número.

- Para multiplicar um número por **100**, acrescentam-se **2** zeros à direita desse número.

- Para multiplicar um número por **1 000**, acrescentam-se **3** zeros à direita desse número.

- 3 × 10 = 30
- 16 × 10 = 160
- 3 × 100 = 300
- 16 × 100 = 1 600
- 3 × 1 000 = 3 000
- 16 × 1 000 = 16 000

ATIVIDADES

1 Efetue as multiplicações.

2 × 10 = _____ 4 × 10 = _____ 6 × 10 = _____

3 × 10 = _____ 5 × 10 = _____ 2 × 100 = _____

2 Observe e responda.

a) Quanto custarão 10 pacotes iguais a este?

_____

b) Quantas latinhas haverá em 100 caixas iguais a esta?

_____

R$ 2,00

c) 1 tonelada é igual a 1 000 quilogramas.

- 5 toneladas é igual a _____ quilogramas.

- 15 toneladas é igual a _____ quilogramas.

- 150 toneladas é igual a _____ quilogramas.

3 Ao decompor um número, fazemos o seguinte procedimento:

53 214 = 5 × 10 000 + 3 × 1 000 + 2 × 100 + 1 × 10 + 4 × 1
53 214 = 50 000 + 3 000 + 200 + 10 + 4

Faça o mesmo com estes números.

a) 24 _____

b) 325 _____

c) 2 014 _____

d) 31 862 _____

Problemas de contagens

Quatro amigos se encontram. Quantos apertos de mão são possíveis sem que os cumprimentos se repitam?

Veja os esquemas:

Esquema 1

Esquema 2

- Quantos apertos de mão você pode contar nesses esquemas?
- A quantidade de apertos de mão é igual nos dois esquemas?
- Qual esquema você prefere? Por quê? Comente com os colegas.

ATIVIDADES

1 As cinco pessoas de uma família trocaram abraços entre si, dois a dois, sem repetir os abraços.

Quantos abraços foram trocados nessa família?

_____

_____

87

2 Num jogo de futebol interclasses cada time vai se encontrar apenas uma vez. Os times são 4º A, 4º B, 4º C, 4º D e 4º E.

Veja o esquema que Gabriela fez.

	4º A	4º B	4º C	4º D	4º E
4º A					
4º B					
4º C					
4º D					
4º E					

Eu sei que, por exemplo, o 4º A não joga com ele mesmo. Também sei que 4º A com 4º B é a mesma coisa que 4º B com 4º A. Por isso pintei essas células de azul.

a) Com base nesse quadro feito por Gabriela, quantos jogos vão acontecer?

_____

b) Gabriela disse que o jogo de 4º A × 4º B é o mesmo jogo que 4º B × 4º A. Cite outros casos semelhantes a esse. _____

- O que você achou desse quadro construído por Gabriela? Converse com os colegas.

3 Num campeonato de esporte coletivo todas as equipes vão se enfrentar apenas uma vez. As equipes são: Argentina, Brasil, Colômbia, Dinamarca, Equador, França e Grécia. Quantos jogos vão acontecer?

Resposta: Vão acontecer _____ jogos.

4 Na sorveteria do bairro é possível pedir sorvete em 4 embalagens diferentes: cestinha, casquinha, copinho pequeno e copinho grande. Certo dia, havia os sabores: morango, abacaxi, chocolate, limão, maracujá e napolitano.

De quantas maneiras é possível pedir o sorvete de uma bola nessa sorveteria?

Resposta: É possível pedir o sorvete de _____ maneiras diferentes.

EU GOSTO DE APRENDER MAIS

1 Leia o problema e também o que Raul está dizendo.

> As costureiras retiram, todo dia, do depósito da oficina onde trabalham 32 carretéis de linhas para criar suas confecções. No início do mês havia no depósito 536 carretéis. Agora, passados 14 dias, quantos carretéis há no depósito?

> Para começar, eu pensei em duas perguntas envolvendo os dados do problema.
> 1ª: se todos os dias as costureiras usam 32 carretéis, quantos carretéis serão usados em 14 dias? Eu vou precisar do resultado de uma multiplicação.
> 2ª: se no começo do mês havia 536 carretéis, tirando o que elas usaram, em 14 dias, quantos carretéis sobraram? Vou usar o resultado de uma subtração.

Com base nisso, qual das estratégias abaixo resolve o problema? Marque com um **X**.

a) ◯ Calcular 32 + 14 = 46 e depois calcular 536 – 46 = 490

b) ◯ Calcular 32 × 14 = 448 e depois calcular 536 – 448 = 88

c) ◯ Calcular 32 × 14 = 448 e depois calcular 536 – 14 = 522

- Troque ideias com os colegas sobre as outras duas opções e por que elas não resolvem o problema.

2 Leia o problema seguinte.

> A dona de um mercado tinha 525 litros de leite em caixinha e quis fazer uma promoção: baixou o preço e, com isso, as vendas aumentaram. No primeiro dia da promoção, foram vendidas 289 caixinhas de leite e, no segundo dia, foram vendidas 2 centenas. Quantas caixinhas de leite ainda estão à venda?

Embalagem de leite tetra pak.

a) Elabore uma estratégia para resolver esse problema. Registre-a no caderno.

b) Agora, resolva o problema. Depois compare sua resolução com as de outros colegas.

LIÇÃO 10
DIVISÃO COM NÚMEROS NATURAIS

Ideias da divisão

Hoje é dia de reunião de pais na sala do 2º A. A professora está preocupada com os preparativos e quer deixar tudo organizado.

Ela reservou uma sala para a reunião. Vinte e quatro pais já confirmaram a presença.

A professora vai fazer algumas atividades em grupo com os pais.

- Quantos grupos com 8 pais ela poderá formar sem sobrar nenhum pai ou mãe fora de grupo?
- E se forem 6 pais por grupo, quantos grupos ela conseguirá formar?

Na sala, há 3 mesas.

- Quantos pais vão ficar em cada mesa?
- E se ela conseguir mais uma mesa, quantos pais caberão em cada mesa?

Para responder a essas questões, utilizamos algumas **ideias básicas da divisão**.

Dividir em partes iguais ou distribuir em grupos iguais

- Quantos grupos com 8 pais ela poderá formar sem sobrar nenhum pai fora de grupo?

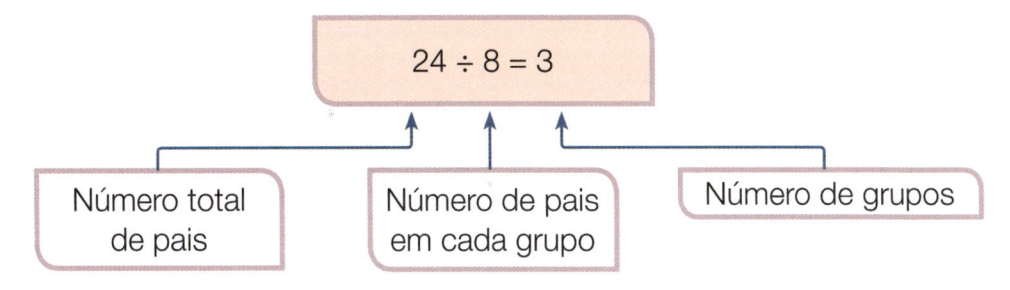

$$24 \div 8 = 3$$

Número total de pais | Número de pais em cada grupo | Número de grupos

- E se forem 6 pais por grupo, quantos grupos ela conseguirá formar?

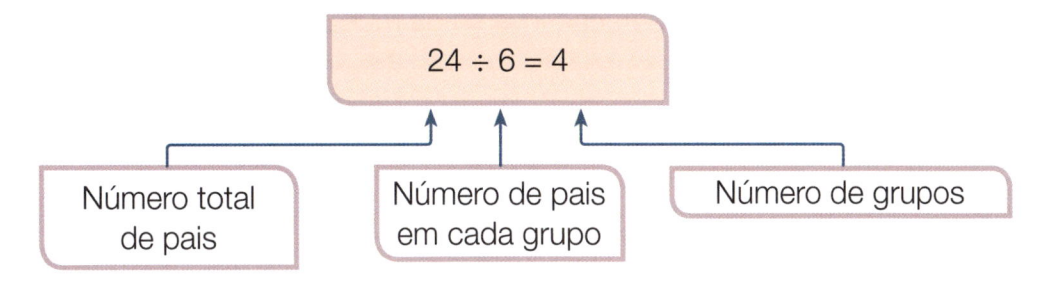

$$24 \div 6 = 4$$

Número total de pais | Número de pais em cada grupo | Número de grupos

Quantas vezes cabem?

Na sala, há 3 mesas, uma para cada grupo.

- Quantos pais vão ficar em cada mesa?

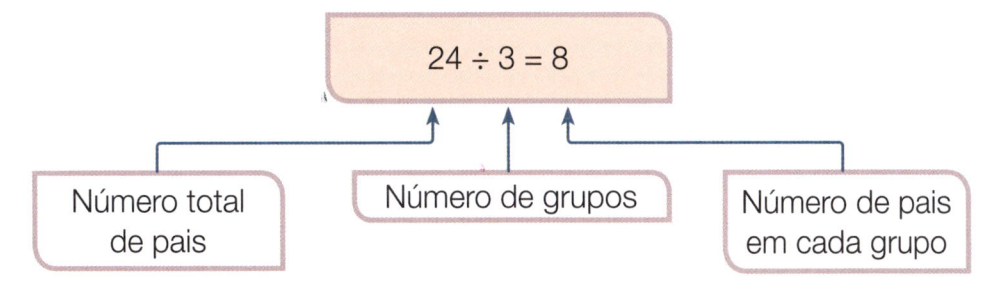

$$24 \div 3 = 8$$

Número total de pais | Número de grupos | Número de pais em cada grupo

- E se ela conseguir mais uma mesa, quantos pais ficarão em cada mesa?

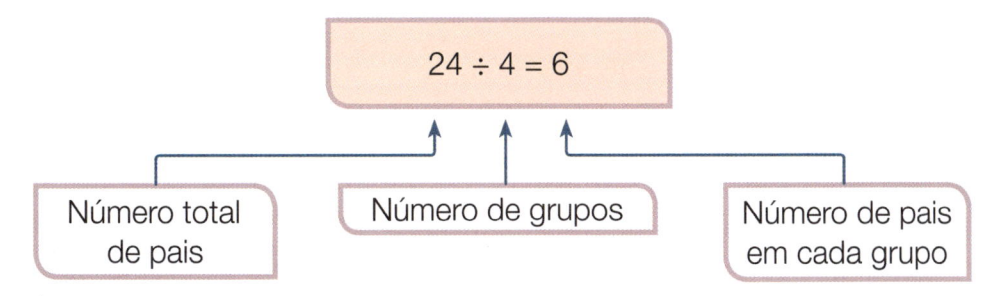

$$24 \div 4 = 6$$

Número total de pais | Número de grupos | Número de pais em cada grupo

> **Divisão** é a operação matemática que separa uma quantidade em partes iguais ou verifica quantas vezes uma quantidade cabe em outra.
> O sinal da divisão é ÷ ou : (lê-se: dividido).

Estes são os termos da divisão:

dividendo → 24 | 4 ← divisor
— 24   6 ← quociente
resto → 0

> Divisão é a operação inversa da multiplicação.

$$24 \div 4 = 6 \longrightarrow 6 \times 4 = 24$$

Método longo e método breve

Podemos efetuar a divisão usando o método longo ou o método breve. Observe os exemplos.

Método longo

48 | 6
− 48   8
  0

Procuramos um número que, multiplicado por 6, seja igual a 48.

$8 \times 6 = 48$

Cálculos

$48 \div 6 = 8$

$8 \times 6 = 48$

$48 - 48 = 0$

Método breve

48 | 6
 0   8

Mentalmente, procuramos um número que, multiplicado por 6, seja igual a 48.

$48 \div 6 = 8$

$8 \times 6 = 48$

$48 - 48 = 0$

ATIVIDADES

1 Observe o exemplo e complete.

$$32 \div 8 = 4 \longrightarrow 4 \times 8 = 32$$

a) $35 \div 7 = 5 \longrightarrow 5 \times$ _____ = _____

b) $27 \div 3 = 9 \longrightarrow 9 \times$ _____ = _____

c) $42 \div 7 = 6 \longrightarrow 6 \times$ _____ = _____

d) $32 \div 4 = 8 \longrightarrow$ _____ $\times$ _____ = _____

e) $45 \div 5 = 9 \longrightarrow$ _____ $\times$ _____ = _____

f) $63 \div 9 = 7 \longrightarrow$ _____ $\times$ _____ = _____

2 Observe o exemplo e faça o mesmo.

$$5 \times 4 = 20 \begin{cases} 20 \div 4 = 5 \\ 20 \div 5 = 4 \end{cases}$$

a) $6 \times 5 = 30$

b) $8 \times 4 = 32$

c) $8 \times 6 = 48$

d) $7 \times 5 = 35$

e) $8 \times 5 = 40$

f) $6 \times 7 = 42$

g) $2 \times 8 = 16$

h) $9 \times 7 = 63$

3 Calcule estas divisões.

a) $72 \div 9$ _____

b) $54 \div 6$ _____

c) $18 \div 2$ _____

d) $42 \div 6$ _____

e) $63 \div 7$ _____

f) $56 \div 8$ _____

4 Observe a regra e resolva as operações.

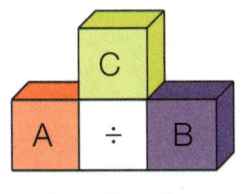

A ÷ B = C

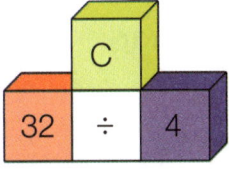

32 ÷ 4, C = _____

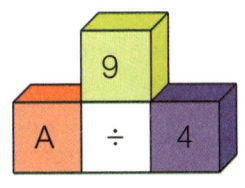

A ÷ 4 = 9, A = _____

45 ÷ B = 5, B = _____

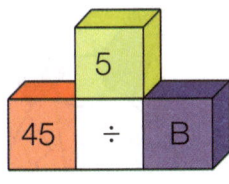

Divisão exata e divisão não exata

Agora, veja mais esta situação.

Rodrigo ganhou um pacote de balas. Ele quer distribuir igualmente entre ele e três amigos na hora do intervalo, na escola. No pacote há 38 balas.

Quantas balas receberá cada criança?
Vamos dividir o número de balas pelo número de crianças.

$$\begin{array}{r|l} 38 & \underline{4} \\ -\;36 & 9 \\ \hline 2 & \leftarrow \text{resto} \end{array}$$

Resposta: Cada criança receberá 9 balas e sobrarão 2.

Usando uma tabela auxiliar

Na sala de aula de Mariana, a professora resolveu fazer grupos de estudo. A sala tem 26 alunos. Quantos grupos de 6 alunos ela poderá formar?

$$\begin{array}{r|l} 26 & \underline{6} \\ -\;24 & 4 \\ \hline 02 & \end{array}$$

Tabela auxiliar

1 × 6 = 6
2 × 6 = 12
3 × 6 = 18
4 × 6 = 24
5 × 6 = 30

Eu usei a tabela auxiliar para encontrar um número que, multiplicado por 6, mais se aproxima do 26. Encontrei o 24, resultado de 4 × 6. Subtraindo 24 de 26, restam 2.

Em operações com números naturais, podemos ter uma **divisão exata** (quando **o resto é zero**) ou uma **divisão não exata** (quando **o resto é diferente de zero**).

divisão exata

$$\begin{array}{r|l} 63 & 7 \\ -63 & 9 \\ \hline 0 & \end{array}$$ → O resto é zero.

divisão não exata

$$\begin{array}{r|l} 64 & 7 \\ -63 & 9 \\ \hline 1 & \end{array}$$ → O resto é diferente de zero.

ATIVIDADE

1 Resolva as divisões.

a) 49 ÷ 7 = _____

b) 42 ÷ 6 = _____

c) 81 ÷ 9 = _____

d) 36 ÷ 4 = _____

e) 24 ÷ 8 = _____

f) 72 ÷ 8 = _____

Divisão com dois algarismos no quociente

Situação 1

Carolina quer guardar 42 revistas em 2 pastas, de modo que cada pasta fique com a mesma quantidade de revistas. Quantas revistas Carolina colocará em cada pasta?

42 ÷ 2 = ?

Colocando o número 42 no quadro de ordens, temos:

D	U
4	2

4 dezenas e 2 unidades

```
D U
4 2 | 2
-4 ↓  21
0 2   D U
  -2
   ──
   0
```

- Primeiro, dividimos as dezenas, depois, as unidades.
  4 dezenas ÷ 2 = 2 dezenas
  2 dezenas × 2 = 4 dezenas
  4 dezenas − 4 dezenas = 0

- Ficam 2 unidades.
  2 unidades ÷ 2 = 1 unidade
  1 unidade × 2 = 2 unidades
  2 unidades − 2 unidades = 0

Carolina colocará 21 revistas em cada pasta.

Temos uma divisão **exata**.

Situação 2

Heloísa distribuiu 53 flores em 4 vasos, de modo que cada vaso tivesse a mesma quantidade de flores. Quantas flores Heloísa pôs em cada vaso?

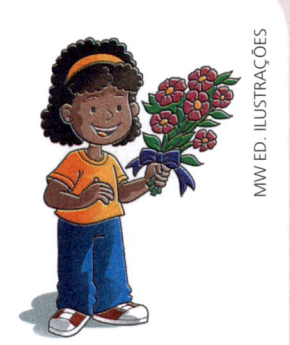

$$53 \div 4 = ?$$

Colocando o número 53 no quadro de ordens, temos:

D	U
5	3

- Primeiro, dividimos as dezenas e, depois, as unidades.

    5 dezenas ÷ 4 = 1 dezena

    1 dezena × 4 = 4 dezenas

    5 dezenas – 4 dezenas = 1 dezena (sobrou 1 dezena)

- Abaixamos o 3 da coluna das unidades.

- Ficam 1 dezena + 3 unidades = 13 unidades.

    13 unidades ÷ 4 = 3

    3 unidades × 4 = 12 unidades

    13 unidades – 12 unidades = 1 unidade

```
D  U
5  3 | 4
-4 ↓   13
1  3   D U
1  2
   1
```

O resto é 1, temos uma divisão **não exata**.

Para que os vasos ficassem com o mesmo número de flores, Heloísa pôs 13 flores em cada vaso e sobrou uma flor.

Verificação da divisão

A divisão é a operação inversa da multiplicação. Observe.
- $10 \div 5 = 2$, então $2 \times 5 = 10$

Esse é um exemplo de **divisão exata**. Para verificar se uma divisão exata está correta, multiplicamos o quociente pelo divisor e encontramos o dividendo.

```
dividendo ──→  10 | 5  ←── divisor              5
              -10   2  ←── quociente          × 2
resto     ──→   0                              10
```

Observe outra divisão.
- $19 \div 5 = 3$ e resto 4

Esse é um exemplo de **divisão não exata**. Para verificar se uma divisão com resto diferente de zero está correta, multiplicamos o quociente pelo divisor e adicionamos o produto ao resto.

O resultado será o dividendo.

```
dividendo ──→  19 | 5  ←── divisor              5
              -15   3  ←── quociente          × 3
resto     ──→   4                              15
                                              + 4
                                               19
```

Veja agora esta divisão.

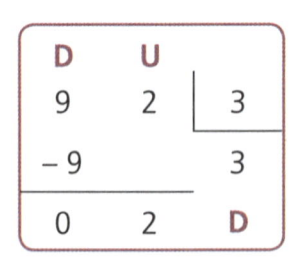

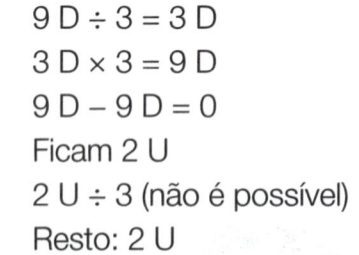

- $92 \div 3$

Observe.

```
 92 | 3
- 9   3
 02
```

	D	U	
	9	2	3
−	9		3
	0	2	D

$9\ D \div 3 = 3\ D$
$3\ D \times 3 = 9\ D$
$9\ D - 9\ D = 0$
Ficam 2 U
$2\ U \div 3$ (não é possível)
Resto: 2 U

Qual é o resultado desta divisão?

ou

```
92 | 3
02   30   ←── O quociente é 30.
```

$92 \div 3 = 3$ dezenas, com resto 2 unidades. Por isso colocamos 0 no quociente.

ATIVIDADES

1 Efetue as operações e verifique se estão corretas.

a) 96 ÷ 3

b) 48 ÷ 2

c) 93 ÷ 3

d) 68 ÷ 4

e) 55 ÷ 5

f) 82 ÷ 5

2 Efetue estas divisões não exatas e identifique o quociente e o resto.

	DIVISÃO	QUOCIENTE	RESTO
54 ÷ 5			
70 ÷ 9			
97 ÷ 9			
301 ÷ 10			

PARA SE DIVERTIR

Dividindo canudos

Material necessário: 60 canudinhos de plástico para cada grupo.

Número de participantes: grupos de 3 alunos.

Como brincar

- Distribua igualmente os 60 canudinhos entre os participantes de cada grupo.

- Quantos canudinhos ficaram para cada um?

Cada um ficou com 20 canudinhos e não sobrou nenhum, certo?

$$60 \div 3 = 20$$

Continue separando as quantidades solicitadas e responda às questões.

Separe 37 canudinhos e distribua igualmente entre os participantes do grupo.

- Quantos canudinhos ficaram para cada um?

- Sobraram canudinhos?

- Quantos?

Quantos canudinhos a mais seriam necessários para que todos recebessem mais um canudinho?

Separe 55 canudinhos e distribua igualmente entre os participantes do grupo.

- Quantos canudinhos ficaram para cada um?

- Sobraram canudinhos?

- Quantos?

Quantos canudinhos a mais seriam necessários para que todos recebessem mais um canudinho?

Continue distribuindo canudinhos entre os participantes de cada grupo. Em uma folha de papel, escreva algumas quantidades e troque com os colegas para que eles resolvam.

Divisão de centenas com um algarismo no divisor

Está na época de coleta de uvas no sul do Brasil. Em uma vinicultura, o fazendeiro orientou os coletores a dividir igualmente, em 3 caixas, 633 cachos de uva. Quantos cachos de uva os coletores devem pôr em cada caixa?

$$633 \div 3 = ?$$

Representando a quantidade de uvas no quadro de ordens, temos:

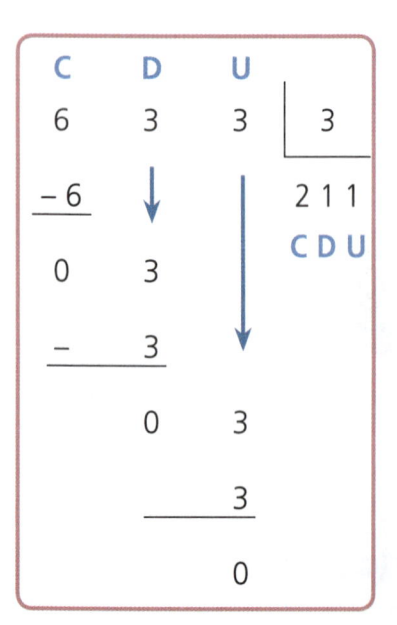

C	D	U
6	3	3

- Primeiro, dividimos as centenas.
  6 centenas ÷ 3 = 2 centenas
- Abaixamos o 3 da coluna das dezenas.
  3 dezenas ÷ 3 = 1 dezena
- Depois, abaixamos o algarismo das unidades.
  3 unidades ÷ 3 = 1 unidade

Resposta: Os coletores devem colocar 211 cachos de uva em cada caixa.

ATIVIDADES

1 Efetue as divisões.

a) 482 | 2

b) 848 | 2

c) 264 | 2

d) 845 | 4

e) 876 | 6

f) 958 | 5

g) 543 | 3

h) 935 | 5

i) 629 | 5

j) 902 | 9

2 Observe estes exemplos.

$$\begin{array}{r|l} 76 & 3 \\ -16 & 25 \\ \hline 1 & \end{array} \quad \begin{array}{r} 25 \\ \times 3 \\ \hline 75 \\ +1 \\ \hline 76 \end{array}$$

$$\begin{array}{r|l} 659 & 9 \\ -29 & 73 \\ \hline 2 & \end{array} \quad \begin{array}{r} 73 \\ \times 9 \\ \hline 657 \\ +2 \\ \hline 659 \end{array}$$

Agora, efetue as divisões e verifique se estão corretas.

a) 55 | 9

b) 398 | 4

c) 85 | 3

d) 146 | 4

3 Pinte de verde os quadros com divisões exatas.

482 ÷ 2	95 ÷ 5	85 ÷ 3	55 ÷ 9	145 ÷ 4
580 ÷ 8	89 ÷ 8	120 ÷ 6	291 ÷ 9	261 ÷ 3
600 ÷ 3	431 ÷ 2	319 ÷ 7	222 ÷ 3	347 ÷ 5

Divisão por 10, por 100 ou por 1 000

Observe as divisões:

30 000 ÷ 10 = 3 000	47 000 ÷ 10 = 4 700	159 000 ÷ 10 = 15 900
30 000 ÷ 100 = 300	47 000 ÷ 100 = 470	159 000 ÷ 100 = 1 590
30 000 ÷ 1 000 = 30	47 000 ÷ 1 000 = 47	159 000 ÷ 1 000 = 159

Percebemos que:

- Quando dividimos um número natural terminado em zero por 10, retiramos um zero à direita.

  Exemplo: 5**0** ÷ 10 = 5

- Quando dividimos um número natural com zeros na ordem da unidade e da dezena por 100, retiramos dois zeros à direita.

  Exemplo: 7**00** ÷ 100 = 7

- Quando dividimos um número natural com zeros na ordem da unidade, da dezena e da centena por 1 000, retiramos três zeros à direita.

  Exemplo: 8**000** ÷ 1 000 = 8

> Para dividir um número terminado em zero por 10, por 100 ou por 1 000, basta eliminar um, dois ou três zeros do número.

ATIVIDADES

1 Efetue as divisões.

a) 1 320 ÷ 10 = _____

b) 2 550 ÷ 10 = _____

c) 47 300 ÷ 100 = _____

d) 8 000 ÷ 1 000 = _____

e) 96 000 ÷ 1 000 = _____

f) 650 000 ÷ 1 000 = _____

g) 132 000 ÷ 100 = _____

h) 125 000 ÷ 100 = _____

2 Descubra se os números foram divididos por 10, por 100 ou por 1 000 e pinte o divisor correspondente:

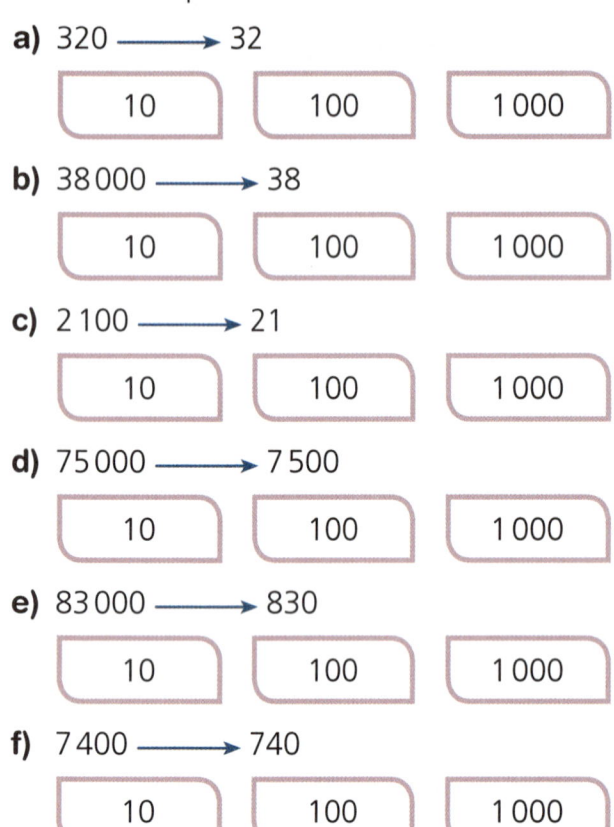

a) 320 ⟶ 32

[10] [100] [1 000]

b) 38 000 ⟶ 38

[10] [100] [1 000]

c) 2 100 ⟶ 21

[10] [100] [1 000]

d) 75 000 ⟶ 7 500

[10] [100] [1 000]

e) 83 000 ⟶ 830

[10] [100] [1 000]

f) 7 400 ⟶ 740

[10] [100] [1 000]

3 Complete a tabela conforme o modelo:

	× 10	÷ 10
320	3 200	32
430		
570		
2 500		
15 800		
70		

Divisão com zero intercalado no quociente

Um aparelho de televisão custa R$ 535,00. Simone vai comprá-lo e dividir o valor em 5 parcelas iguais. Qual será o valor de cada parcela?

$$535 \div 5 = ?$$

Vamos representar o preço do aparelho de televisão no quadro de ordens.

C	D	U
5	3	5

- Primeiro, dividimos as centenas.
  5 centenas ÷ 5 = 1 centena

- Agora, vamos às dezenas.
  3 ÷ 5 é impossível. Não posso dividir 3 dezenas por 5 e obter dezenas.

- Colocamos, então, 0 no quociente.

- Trocamos 3 dezenas por 30 unidades.
  3 D = 30 unidades

- E acrescentamos as 5 unidades.
  30 + 5 = 35 unidades
  35 ÷ 5 = 7 unidades

Resposta: Cada parcela terá o valor de R$ 107,00.

ATIVIDADES

1 Arme e efetue as divisões.

a) 408 ÷ 4   c) 612 ÷ 6   e) 525 ÷ 5

b) 309 ÷ 3   d) 604 ÷ 6   f) 420 ÷ 4

2 Resolva as divisões a seguir.

a) 325 | 3   c) 530 | 5

b) 219 | 2   d) 609 | 3

PROBLEMAS

1 Posso distribuir 236 cocadas, igualmente, em 2 bandejas?

Resposta: _____

2 Titia distribuiu 324 docinhos em 9 bandejas iguais. Quantos docinhos colocou em cada bandeja?

Resposta: _____

3 Quatro dúzias de bombons serão distribuídas igualmente entre 6 crianças. Quantos bombons receberá cada criança?

Resposta: _____

4 O dono de uma sorveteria recebeu 396 sorvetes e vai colocá-los igualmente em 3 caixas. Quantos sorvetes deverá colocar em cada caixa?

Resposta: _____

5 Um comerciante vai distribuir igualmente, entre 3 instituições, 324 quilogramas de alimentos. Quantos quilogramas caberá a cada instituição?

Resposta: _____

Divisão com dois algarismos no divisor

Exemplo 1

Uma escola recebeu 64 cadernos para distribuir igualmente entre 14 crianças.

- Quantos cadernos foram distribuídos para cada criança?
- Sobraram cadernos? Quantos?

Observe como podemos fazer os cálculos para resolver essa situação.

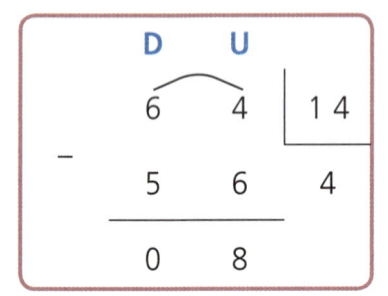

```
  D  U
  6  4 | 1 4
- 5  6 |  4
  ─────
  0  8
```

Usando a tabela auxiliar
14 × 3 = 42
14 × 4 = 56
14 × 5 = 70

Foram distribuídos 4 cadernos para cada criança e ainda sobraram 8 cadernos.

Exemplo 2

Em uma excursão da escola, 396 alunos foram distribuídos em ônibus. Sabendo que em cada ônibus havia lugar para 36 passageiros, quantos ônibus foram necessários para transportar todos os alunos?

Para responder a essa pergunta, fazemos uma divisão:

$$396 \div 36$$

```
  C  D  U
  3  9  6 | 3 6
- 3  6   | 1 1
  ───────   D U
     3  6
  -  3  6
     ────
        0
```

- Divido 39 dezenas por 36.
  39 D ÷ 36 = 1 D
  39 D – 36 D = 3 D
  Restam 3 dezenas.

- Troco 3 dezenas por 30 unidades.
  3 D = 30 unidades
  30 U + 6 U = 36 U.
  Dividindo 36 unidades por 36 unidades, obtenho 1.
  Resposta: Foram necessários 11 ônibus para transportar todos os alunos.

ATIVIDADES

1 Efetue as divisões seguindo os exemplos.

$$\begin{array}{r|l} 36 & 12 \\ 00 & 3 \end{array} \qquad \begin{array}{r|l} 94 & 23 \\ -92 & 4 \\ \hline 2 & \end{array}$$

a) $69 \mid 23$ c) $89 \mid 43$ e) $93 \mid 31$ g) $64 \mid 21$

b) $46 \mid 23$ d) $48 \mid 12$ f) $99 \mid 33$ h) $55 \mid 11$

2 Efetue as divisões.

a) $850 \mid 17$ c) $243 \mid 12$ e) $756 \mid 84$

b) $182 \mid 15$ d) $294 \mid 14$ f) $434 \mid 36$

3 Observe o exemplo e efetue as divisões.

```
521 | 26
 52   20
 01
```

521 ÷ 26 = 2 dezenas, com resto 1 unidade. Por isso, colocamos 0 no quociente.

a) 547 | 26

b) 456 | 15

c) 849 | 21

4 Calcule o resultado das divisões com 4 algarismos no dividendo, conforme o exemplo.

```
 4325 | 5
- 40    865
  32
_ 30
  25
_ 25
   0
```

a) 1944 | 6

b) 1824 | 8

c) 5720 | 8

5 Efetue, seguindo os exemplos.

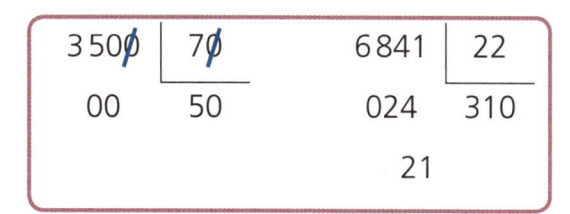

```
3500 | 70       6841 | 22
 00    50       024    310
                 21
```

a) 900 | 90

c) 6400 | 80

e) 4971 | 45

b) 180 | 30

d) 5400 | 90

f) 8932 | 81

```
8006 | 20       3473 | 34
0006   400      0073   102
                 05
```

g) 4008 | 40

h) 5007 | 50

i) 4697 | 23

j) 8244 | 41

6 Em uma divisão, sabemos que 342 é o dividendo. Pinte os divisores que correspondem a divisões exatas.

| 1 | 2 | 3 | 5 | 6 | 8 |

| 9 | 12 | 16 | 18 | 32 | 38 |

PROBLEMAS

1 Um funcionário retirou do depósito 6 caixas com 54 garrafas de óleo ao todo. Em 8 caixas iguais a essas, quantas garrafas de óleo caberão?

Resposta: _____

2 Um granjeiro distribuiu 288 ovos em 12 caixas iguais. Quantos ovos ficaram em cada caixa?

Resposta: _____

3 Um jardineiro tem 1 455 mudas de rosa para replantar igualmente em 15 canteiros. Quantas mudas serão plantadas em cada canteiro?

Resposta: _____

4 Uma creche consome 264 litros de leite em 22 dias. Consumindo a mesma quantidade de leite por dia, quantos litros são consumidos na creche em 1 dia?

Resposta: _____

5 Malu tem 432 ovos para colocar em 12 embalagens iguais. Quantos ovos ficarão em cada embalagem?

Resposta: _____

6 Um fazendeiro possuía 1 614 pés de laranjeira. Morreram 186 pés. Os pés que sobraram foram plantados em quantidades iguais em 12 terrenos. Quantos pés de laranjeira foram colocados em cada terreno?

Resposta: _____

PARA SE DIVERTIR

Usando a calculadora, descubra alguns "mistérios" que envolvem números.

1º mistério

- Escolha um número de 1 a 9.
- Tecle 8 vezes seguidas o número escolhido.
- Divida por 9, ou seja, tecle ÷ e depois 9.
- Depois, divida pelo número que você escolheu.
- Tecle = e terá uma surpresa.
- Depois, escolha outros números e veja quais serão os resultados obtidos.

2º mistério

- Tecle esta sequência de números: 1 2 3 4 5 6 7 9.
- Multiplique essa sequência pelo número 8 (tecle × e depois 8)
- Agora, tecle =.

Registre os resultados do 1º e do 2º mistério. Troque ideias com seus colegas e com seu professor sobre essas descobertas!

A atuação dos alunos em sala de aula mediante o uso de meios eletrônicos, como as calculadoras, requer atividades diversas. Atualmente, as calculadoras são um recurso tecnológico muito acessível, inclusive como aplicativos em celular. Elas fazem parte do nosso cotidiano como um instrumento facilitador de cálculos, porém, na escola ela pode ser utilizada como um instrumento em atividades desafiadoras ou de investigação a respeito das propriedades dos números e operações.

EU GOSTO DE APRENDER MAIS

1 A professora Luiza relembrou aos alunos as ideias da divisão. Depois disso, Alice elaborou um problema.

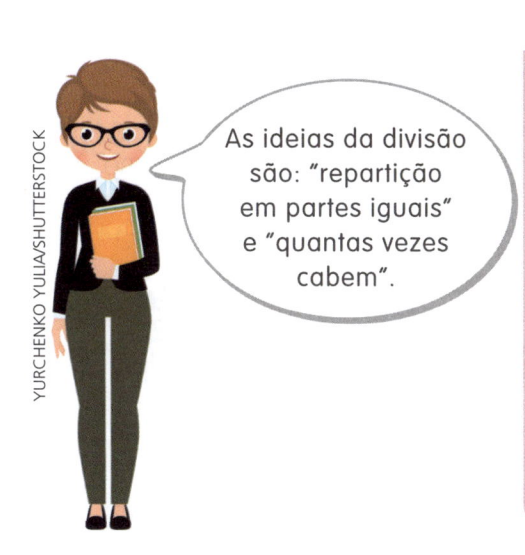

> As ideias da divisão são: "repartição em partes iguais" e "quantas vezes cabem".

> Na granja do senhor Antônio ele recolhe os ovos todos os dias de manhã. Hoje ele recolheu 423 ovos. Ele vai distribuir igualmente esses ovos em 14 caixas. Quantos ovos serão colocados em cada caixa? Algum ovo vai sobrar fora da caixa? Se sobrarem, o que ele pode fazer com esses ovos?

a) Que ideia da divisão há no problema de Alice? _____

b) Resolva no caderno o problema elaborado por Alice.

• Troque ideia com os colegas sobre o texto do problema que Alice elaborou. Há alguma informação que você não colocaria? Explique.

2 Nicolas também é aluno da professora Luiza. Ele começou a elaborar um problema. Elabore e complete as informações que faltam para que o problema tenha uma das ideias da divisão.

> Uma fábrica produz 736 camisetas.
> _____
> _____
> _____

a) Troque com o colega e resolva o problema elaborado por ele.

b) Depois destroque e corrija o problema resolvido por ele.

LIÇÃO 11
MEDIDAS DE TEMPO E TEMPERATURA

Hora, minuto e segundo

Observe esta situação.

Júlio é professor de Educação Física e trabalha em três escolas. Para não se atrasar, está sempre com o relógio.

Às 8h da manhã, ele dá aulas na escola A.

À 1h30min da tarde, tem aulas na escola B.

E às 4h25min da tarde, Júlio trabalha na escola C.

Vamos relembrar!

O relógio analógico geralmente possui três ponteiros, um para indicar as horas, um para indicar os minutos e um para indicar os segundos. O relógio está marcando 4 horas, 55 minutos e 7 segundos, ou seja, 4h55min7s.

Cada 60 segundos correspondem a 1 minuto e cada 60 minutos correspondem a 1 hora. Observe a tabela com a equivalência dessas unidades de medida de tempo:

HORA	MINUTOS	SEGUNDOS
1	1 × 60 = **60**	60 × 60 = **3 600**
2	2 × 60 = **120**	2 × 3 600 = **7 200**
Meia	60 ÷ 2 = **30**	3 600 ÷ 2 = **1 800**

ATIVIDADES

1 Complete os espaços.

a) As unidades de medida de tempo indicadas pelos ponteiros do relógio são _____, _____ e _____.

b) Uma hora tem _____ minutos e um minuto tem _____ segundos.

2 Escreva por extenso.

a) 2h30min15s _____

b) 5h45min _____

c) 10h _____

d) 35min _____

3 Responda.

a) Quantas horas há em:

180min? _____   120min? _____

240min? _____   540min? _____

480min? _____   360min? _____

b) Quantos minutos há em:

3h? _____   6h? _____

8h? _____   2h30min? _____

4h30min? _____   12h? _____

c) Quantos segundos há em:

2min? _____   1min? _____

5min? _____   10min? _____

4min? _____   15min? _____

4 Observe as horas marcadas nos relógios e escreva por extenso qual é o horário em cada caso.

a) _____

b)  2:25 _____

c) _____

d)  8:30 _____

O relógio digital utiliza meios eletrônicos para manter as horas.

PROBLEMAS

1 Beatriz trabalha das 8h até as 12h de segunda a sexta-feira. Quantas horas Beatriz trabalha por dia? E por semana?

Resposta: _____

2 Observe o relógio da cozinha de Artur. Ele está 15 minutos adiantado. Descubra a hora correta.

Resposta: _____

3 Fábio sai de casa todos os dias às 6h para ir à escola. Quando vai de ônibus chega às 6h55min na escola. Quando vai de carro com sua mãe, ele chega às 6h35min. Quanto tempo Fábio leva para chegar à escola de carro? E de ônibus? E qual é a diferença de tempo entre os dois meios de transporte?

Resposta: _____
_____

4 Pamela vai viajar para a praia, mas antes vai passar em outra cidade para dar carona para uma amiga. De sua casa até a cidade em que sua amiga mora são 65 minutos de viagem. Depois, são mais 85 minutos até a praia. Qual será o tempo total de viagem de Pamela?

O tempo total de viagem de Pamela será de _____ horas e _____ minutos.

Temperatura máxima e temperatura mínima

Leia os diálogos.

Nossa... que frio hoje!

Sim, a temperatura máxima hoje será de 10 graus Celsius, e a mínima, de 6.

Não aguento mais esse calor!

Precisamos de algo para nos refrescar porque hoje a temperatura máxima vai ser 38 graus Celsius, e a mínima, 32 graus.

Em programas de TV ou rádio é comum ouvir expressões como "temperatura mínima" e "temperatura máxima". Muitas vezes, também é possível as pessoas usarem essas expressões no cotidiano.

- O que você acha que significam a temperatura máxima e a temperatura mínima?
- Você saberia dizer qual a previsão de temperatura para o dia de hoje em sua cidade? Comente com os colegas.

ATIVIDADES

1 Leia o que a mascote está dizendo.

> **Temperatura máxima** é a maior temperatura atingida no dia; e a **temperatura mínima** é a menor temperatura atingida em um dia.

Com base nessa informação, pesquise na internet e complete os dados da ficha abaixo:

Cidade: _____
Dia: _____
Temperatura mínima: _____
Temperatura máxima: _____

2 Leia agora esta outra informação.

> A **variação de temperatura** de um dia é a diferença entre a maior e a menor temperatura atingidas em um dia.

a) Com base nessa informação, responda: qual foi a variação de temperatura de ontem na sua cidade? _____

b) Observe as duas cenas e complete a frase abaixo.

A variação de temperatura nessa cidade, nesse dia, foi de: _____ graus Celsius.

c) Pesquise em jornais ou na internet qual foi a maior variação de temperatura registrada neste mês na sua cidade.

Termômetros

Observe estes instrumentos.

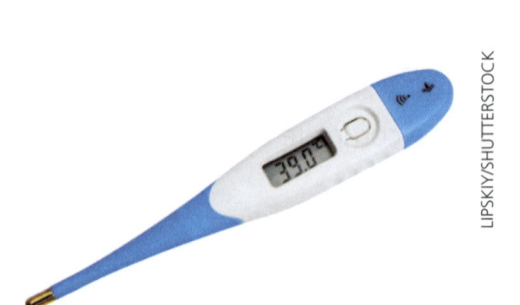

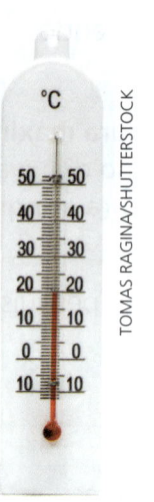

O instrumento de medida utilizado para medir a temperatura se chama **termômetro**.

- Qual desses termômetros você já viu? Converse com os colegas sobre o uso de cada um deles.

No Brasil, utilizamos a unidade de medida de temperatura **graus Celsius**.

1 grau é representado por 1 °C.

Nessa unidade de medida, temos:
- Temperatura de congelamento da água: 0 °C.
- Temperatura de ebulição da água: 100 °C.

VOCABULÁRIO

Chamamos de ebulição da água o momento em que ela começa a ferver.

ATIVIDADE

1 Na rua do colégio em que Rodrigo estuda tem um relógio de rua que marca a temperatura. Ele anotou em uma tabela a temperatura ao chegar e ao sair da escola durante uma semana.

Temperaturas anotadas por Rodrigo durante uma semana

	Dia 1	Dia 2	Dia 3	Dia 4	Dia 5
Temperatura na chegada à escola	17 °C	18 °C	20 °C	18 °C	19 °C
Temperatura na saída da escola	22 °C	20°C	21 °C	24 °C	22°C

Fonte: Dados coletados por Rodrigo.

Na malha quadriculada a seguir construa um gráfico de barras com os dados dessa tabela.

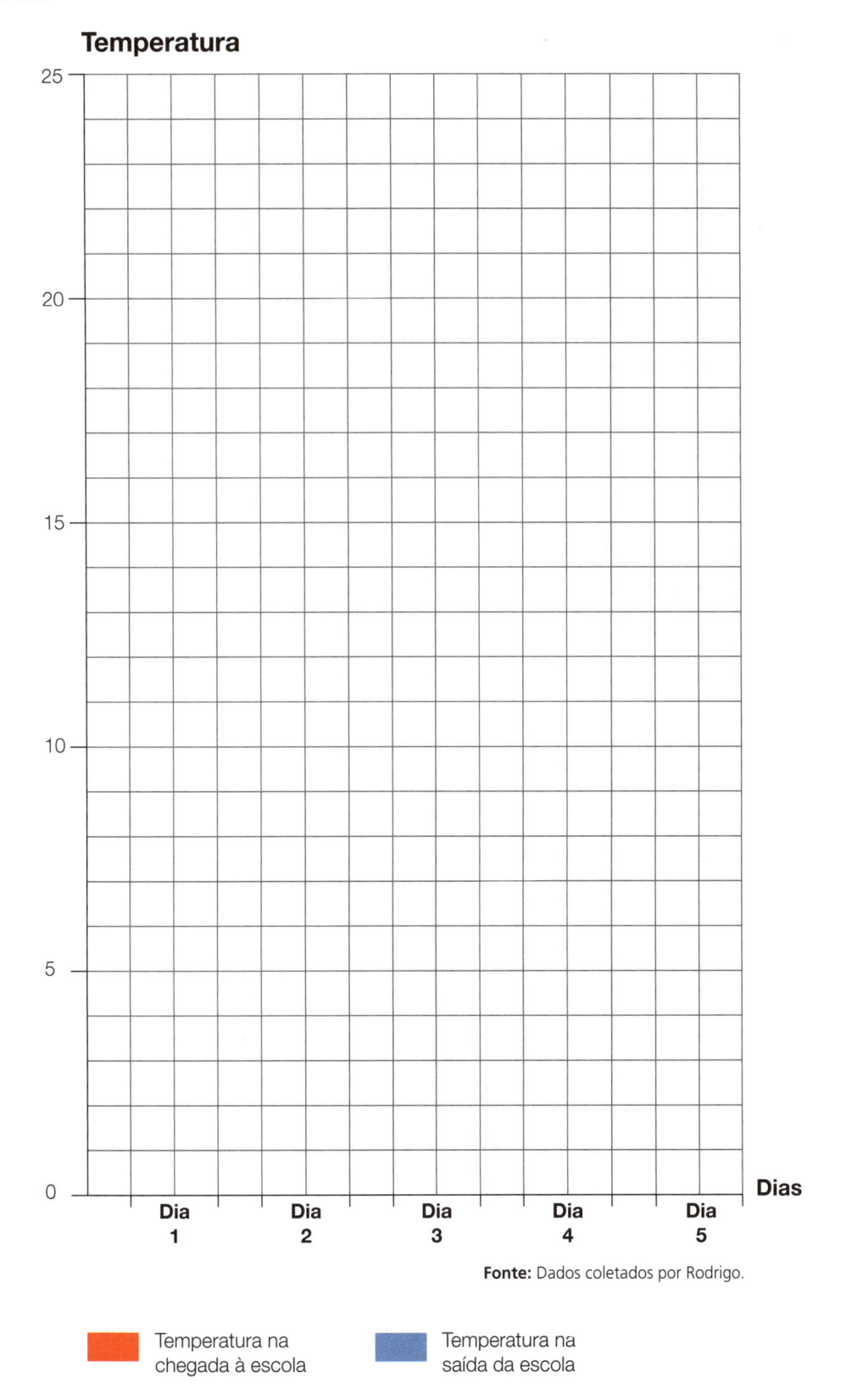

Temperatura

(eixo y: 0, 5, 10, 15, 20, 25)
(eixo x: Dia 1, Dia 2, Dia 3, Dia 4, Dia 5 — Dias)

Fonte: Dados coletados por Rodrigo.

■ Temperatura na chegada à escola
■ Temperatura na saída da escola

LIÇÃO 12
POLIEDROS E POLÍGONOS

Poliedros

Observe os dois grupos com representações de figuras tridimensionais:

Grupo 1   Grupo 2

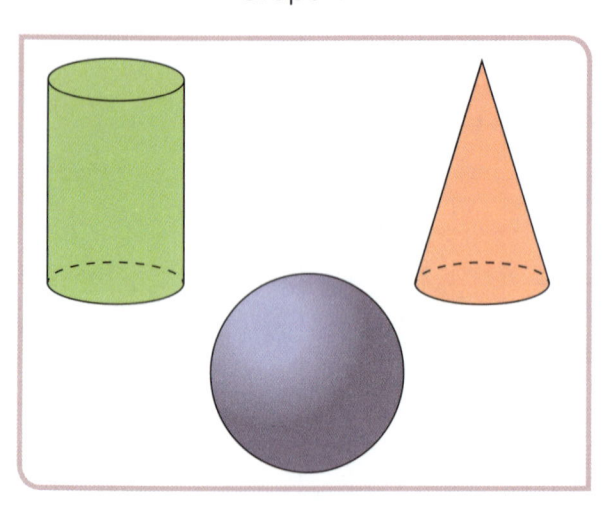

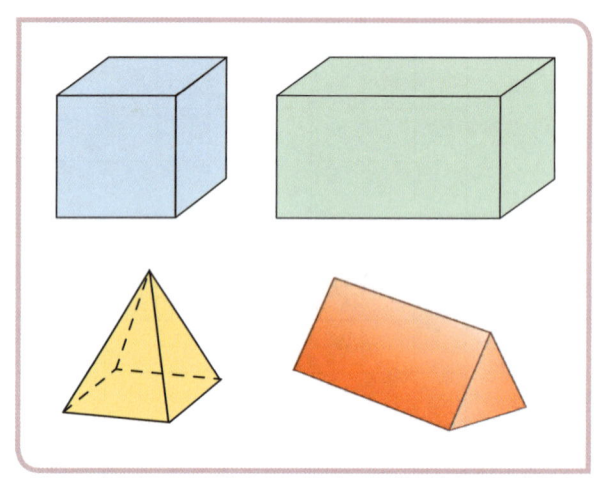

As figuras representadas no grupo 1 são chamadas de **corpos redondos**, devido à presença de superfícies curvas. As figuras do grupo 2 são chamadas de **poliedros**, pois possuem apenas superfícies planas. Os poliedros possuem faces, vértices e arestas.

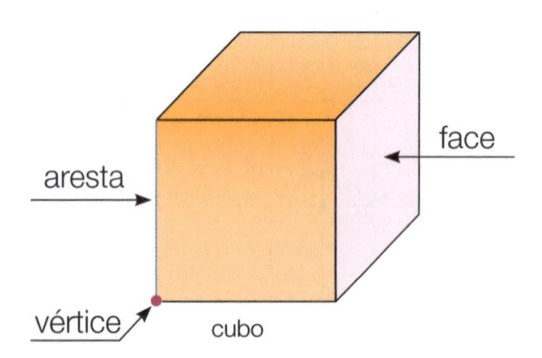

aresta
face
vértice
cubo

As **faces** dos poliedros correspondem às figuras planas, por exemplo, a face quadrada que compõe o cubo.

O encontro entre os lados das faces dos poliedros recebe o nome de **aresta**. Esses lados são formados por segmentos de reta, portanto, as arestas também são segmentos de reta.

O ponto onde duas ou mais arestas se encontram recebe o nome de **vértice**.

Prismas

Observe o poliedro ao lado e responda às questões.

- As faces do poliedro têm a forma de quais figuras planas?
- Quantas faces têm a forma de retângulo?
- Quantas faces têm a forma de triângulo?

Prisma triangular.

Prismas são poliedros que apresentam pelo menos duas faces paralelas iguais, chamadas de bases. As faces laterais são formadas por paralelogramos ou retângulos.

Os nomes dos prismas correspondem ao formato de suas bases. Por exemplo, um prisma com bases no formato de triângulos recebe o nome de prisma de base triangular; um prisma com bases no formato de pentágonos recebe o nome de prisma de base pentagonal.

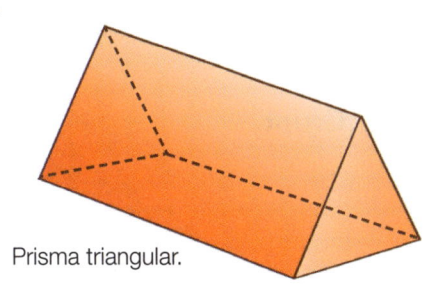

Pirâmides

Agora, observe este outro poliedro.

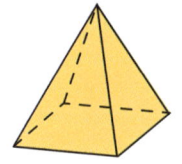

Pirâmide de base quadrada.

- Que nome recebem as formas planas das faces desse poliedro?
- Quantas faces em forma de triângulo esse poliedro tem?
- Quantas faces em forma de quadrado?
- Nessa figura, em qual dos vértices se encontram todas as faces triangulares?

O poliedro que você observou chama-se **pirâmide** de base quadrada.

As **pirâmides** são poliedros em que uma face é chamada de base, podendo ser um polígono qualquer, e com faces laterais no formato de triângulos, tendo um vértice comum.

ATIVIDADES

1 Pinte os prismas de azul e as pirâmides de vermelho.

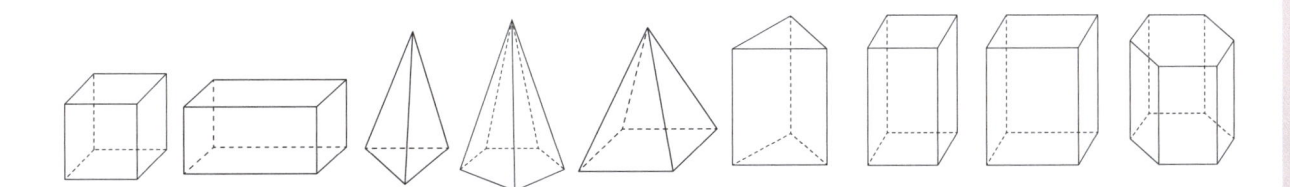

2 Destaque as planificações do **Almanaque** e construa os poliedros. Depois, separe-os em dois grupos e registre no espaço abaixo as características dos poliedros de cada grupo.

Grupo 1

_____
_____
_____
_____

Grupo 2

_____
_____
_____
_____

3 Observe os prismas e as pirâmides que você montou com as planificações do Almanaque, e preencha o quadro com as quantidades de faces, vértices e arestas.

POLIEDRO	VÉRTICES	FACES	ARESTAS
Cubo			
Paralelepípedo			
Prisma de base triangular			
Pirâmide de base triangular			
Pirâmide de base quadrada			
Pirâmide de base pentagonal			

Polígonos

As faces dos poliedros são formadas por **polígonos**.
Observe as figuras representadas abaixo.

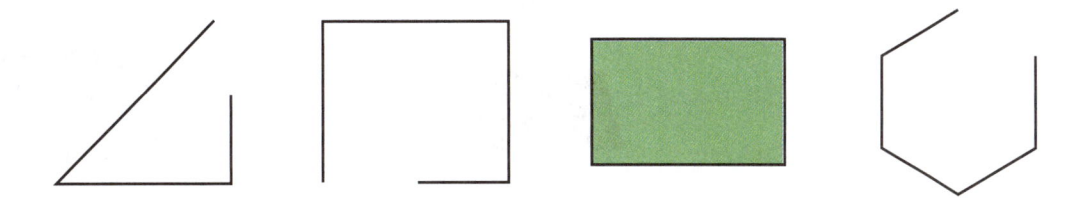

Pintamos apenas a região da figura formada pela linha fechada.
A forma pintada é chamada **polígono**.

> **Polígono** é uma região plana, fechada, simples, contornada por segmentos ou "pedaços" de reta.

Os lados de um polígono são compostos de segmentos de reta. O encontro de dois segmentos recebe o nome de **vértice**.

Os polígonos são classificados de acordo com o número de lados.
Observe alguns polígonos classificados pelo número de lados.

Triângulos – 3 lados

Quadriláteros – 4 lados

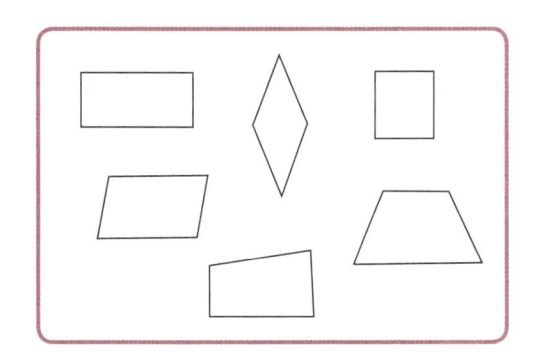

Pentágonos – 5 lados

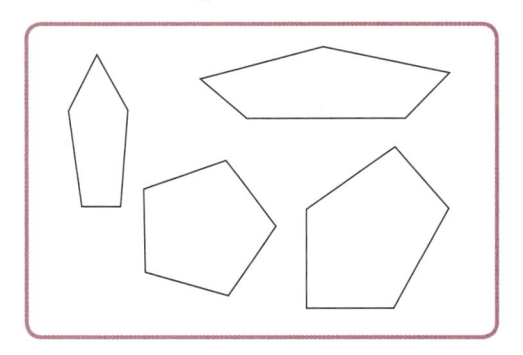

Hexágonos – 6 lados

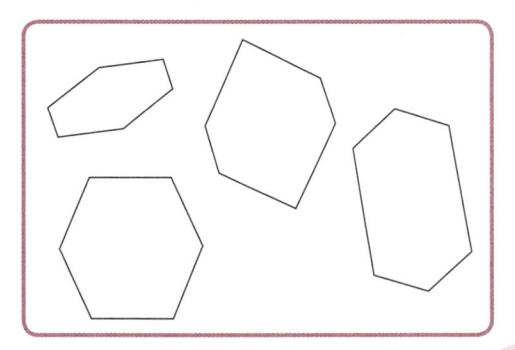

Quadriláteros

Os quadriláteros, polígonos de 4 lados, têm nomes especiais de acordo com sua forma e suas propriedades.

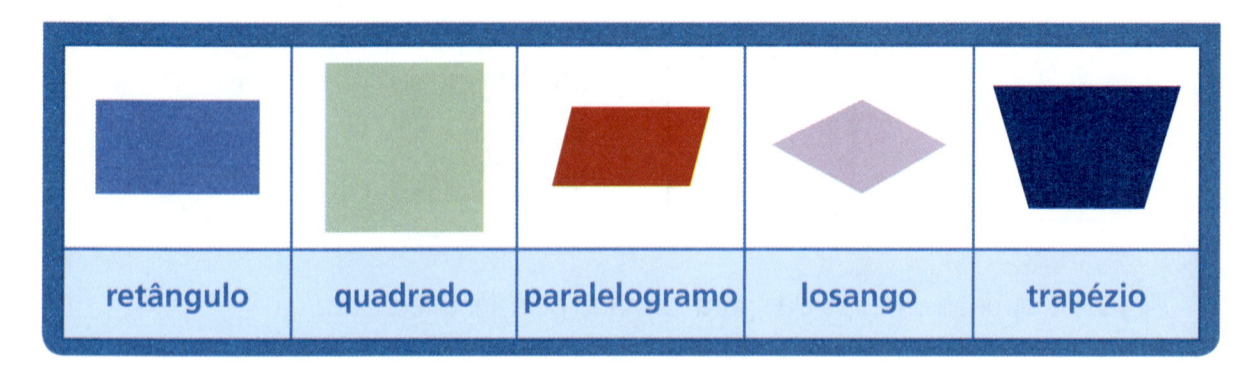

retângulo	quadrado	paralelogramo	losango	trapézio

> **Quadriláteros** são polígonos de 4 lados.

Os quadriláteros têm 4 lados, 4 vértices e 4 ângulos.

Os quadriláteros que têm os lados opostos paralelos são chamados de **paralelogramos**.

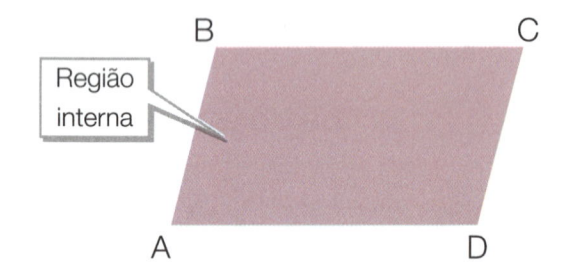

O lado AB é paralelo ao lado CD e o lado BC é paralelo ao lado AD.

Os paralelogramos têm denominações especiais, que são: quadrado, retângulo e losango.

quadrado   retângulo   losango

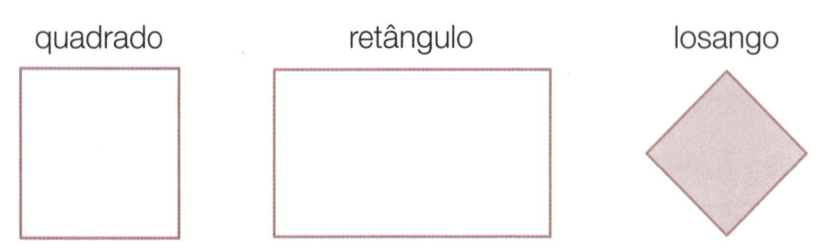

O **trapézio** é o quadrilátero que tem só dois lados opostos paralelos.

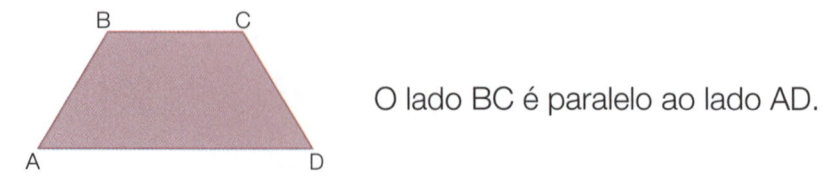

O lado BC é paralelo ao lado AD.

ATIVIDADES

1 Descubra a figura intrometida.

a) Circule a figura que não é um quadrado.

b) Circule a figura que não é um retângulo.

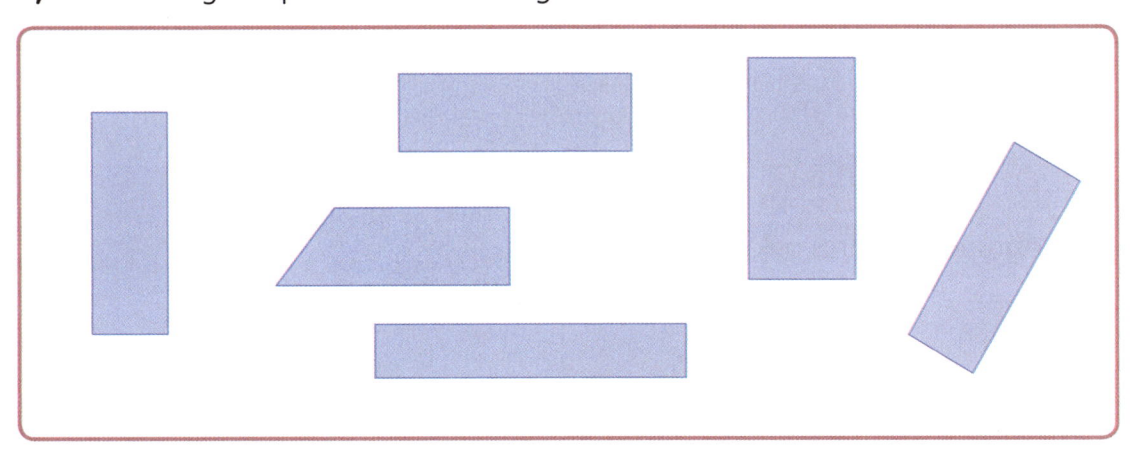

c) Circule a figura que não é um trapézio.

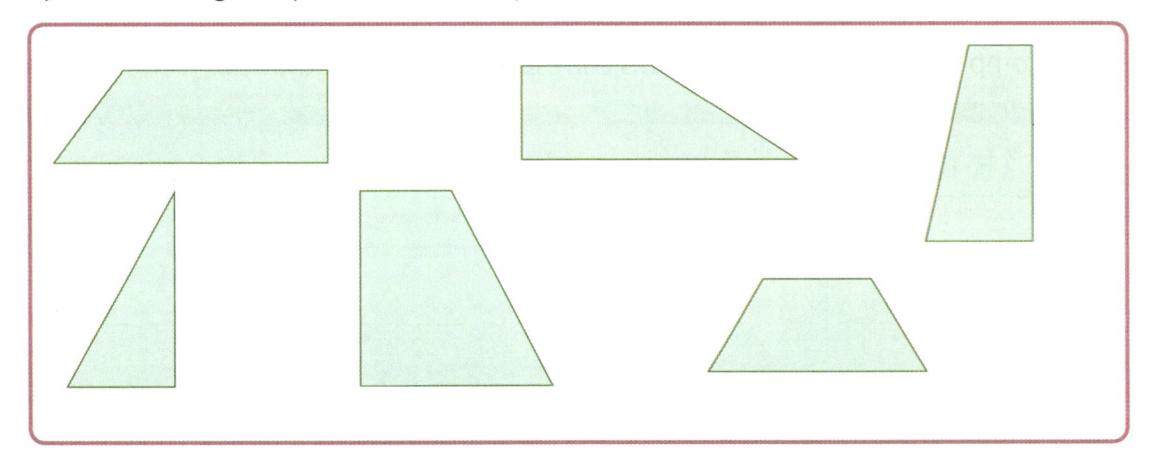

2 Continue a pintura do ladrilhado usando a mesma cor para os quadriláteros de nome igual.

Todas as figuras pintadas têm o mesmo número de lados?

_____

Quais são os nomes dessas figuras?

_____

3 Agrupe as figuras pelo número de lados.

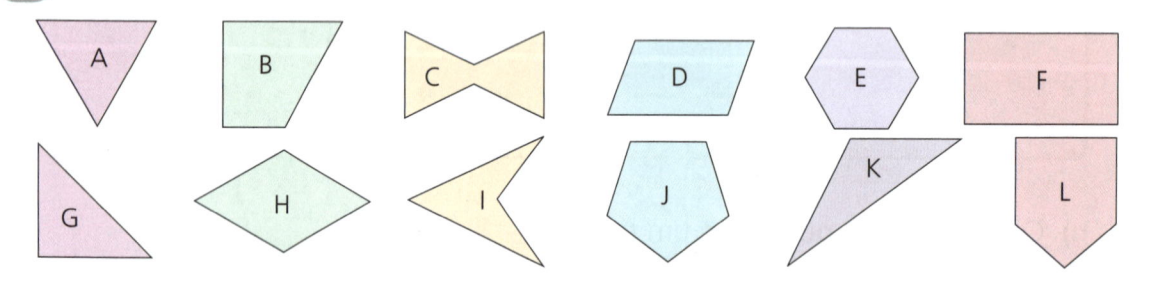

Complete o quadro com as letras correspondentes às figuras de:

3 lados	4 lados	5 lados	6 lados

13 SIMETRIA

Eixo de simetria

Existe simetria na natureza.

ABLESTOCK ABLESTOCK ABLESTOCK

E nas coisas criadas pelo ser humano.

ABLESTOCK THE DENVER POST/MIM SWARTZ

Uma figura é simétrica quando um eixo central, também chamado de eixo de **simetria**, a divide em duas partes iguais e opostas.

133

ATIVIDADES

1 Com uma régua, trace eixos de simetria (se existirem) em cada figura a seguir.

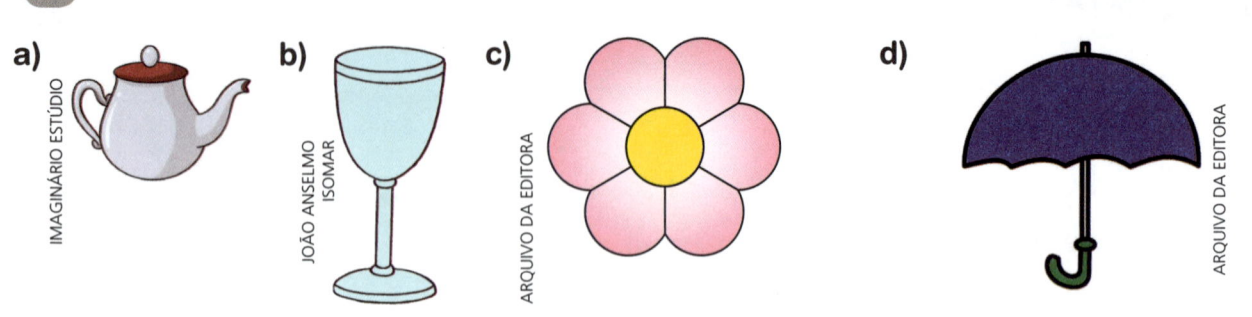

a)   b)   c)   d)

2 Recorte, de jornais ou revistas, figuras que apresentem simetria.
Cole-as no espaço abaixo e trace pelo menos um eixo de simetria em cada figura. Compare as suas figuras com as dos seus colegas.

3 Complete os desenhos abaixo, respeitando o eixo de simetria azul.

a)

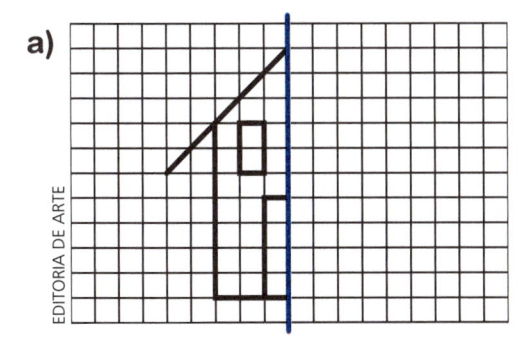

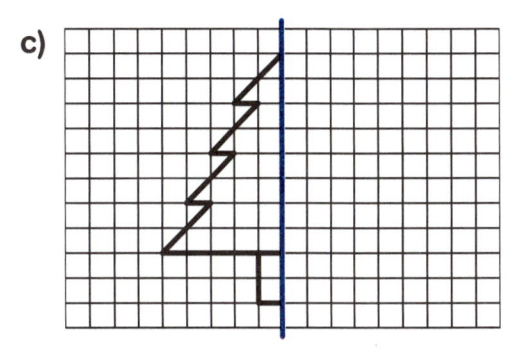

b)

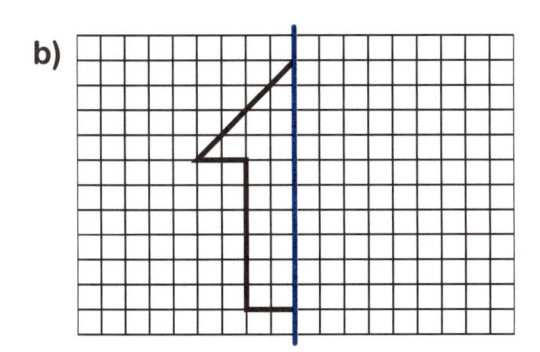

c)

d)

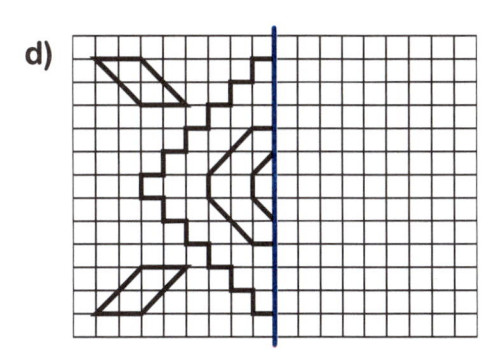

4 Trace os eixos de simetria de cada figura.

5 Observe o quadrado a seguir. Quantos eixos de simetria foram traçados?

_____

_____

_____

_____

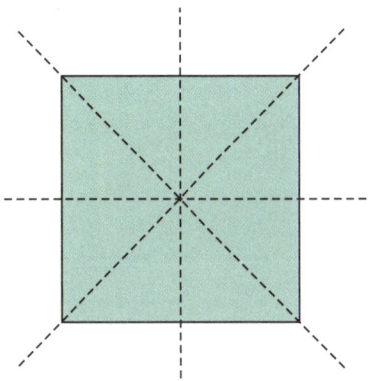

6 Trace os eixos de simetria de cada figura e escreva quantos são em cada caso.

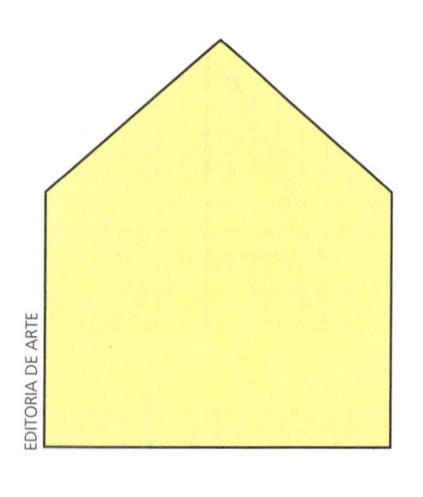

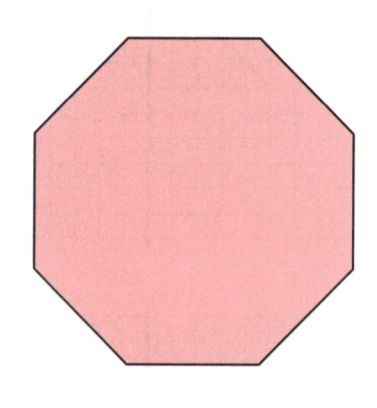

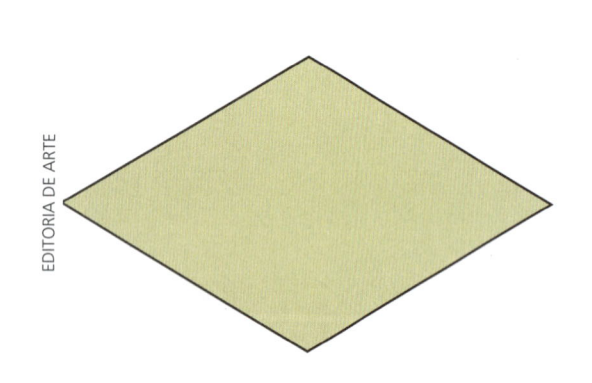

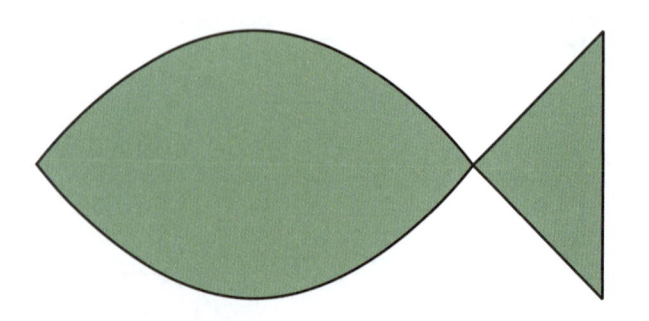

7 Continue as sequências.

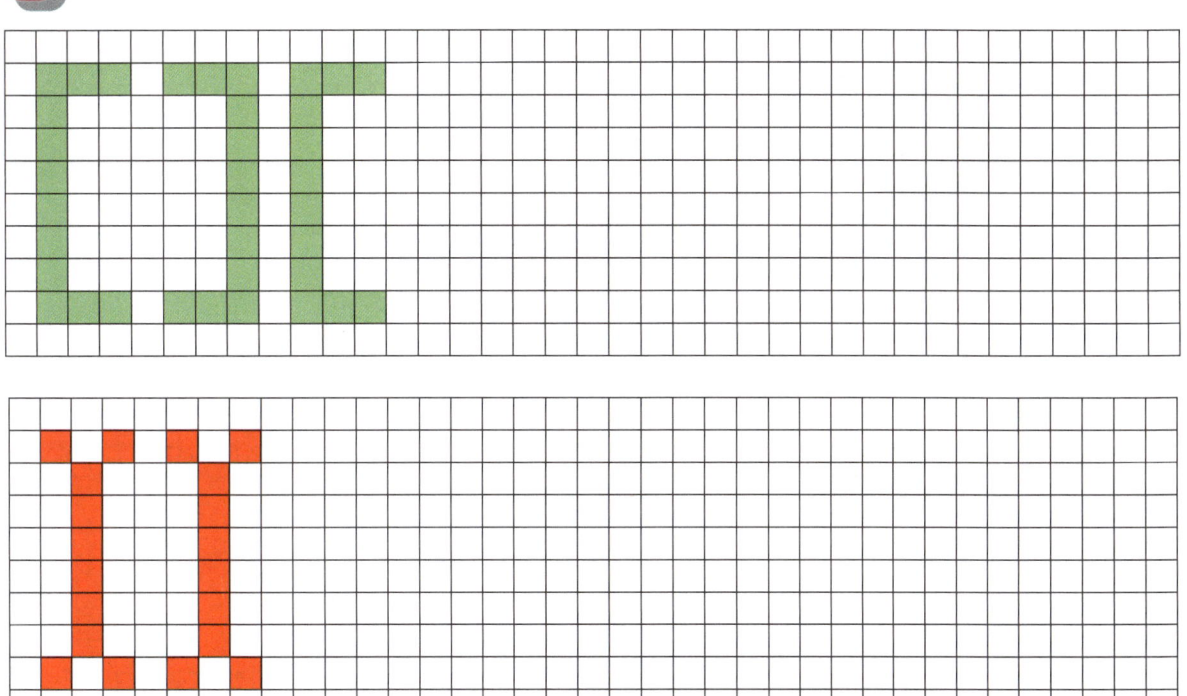

8 Desenhe e pinte a imagem simétrica considerando a linha azul como eixo.

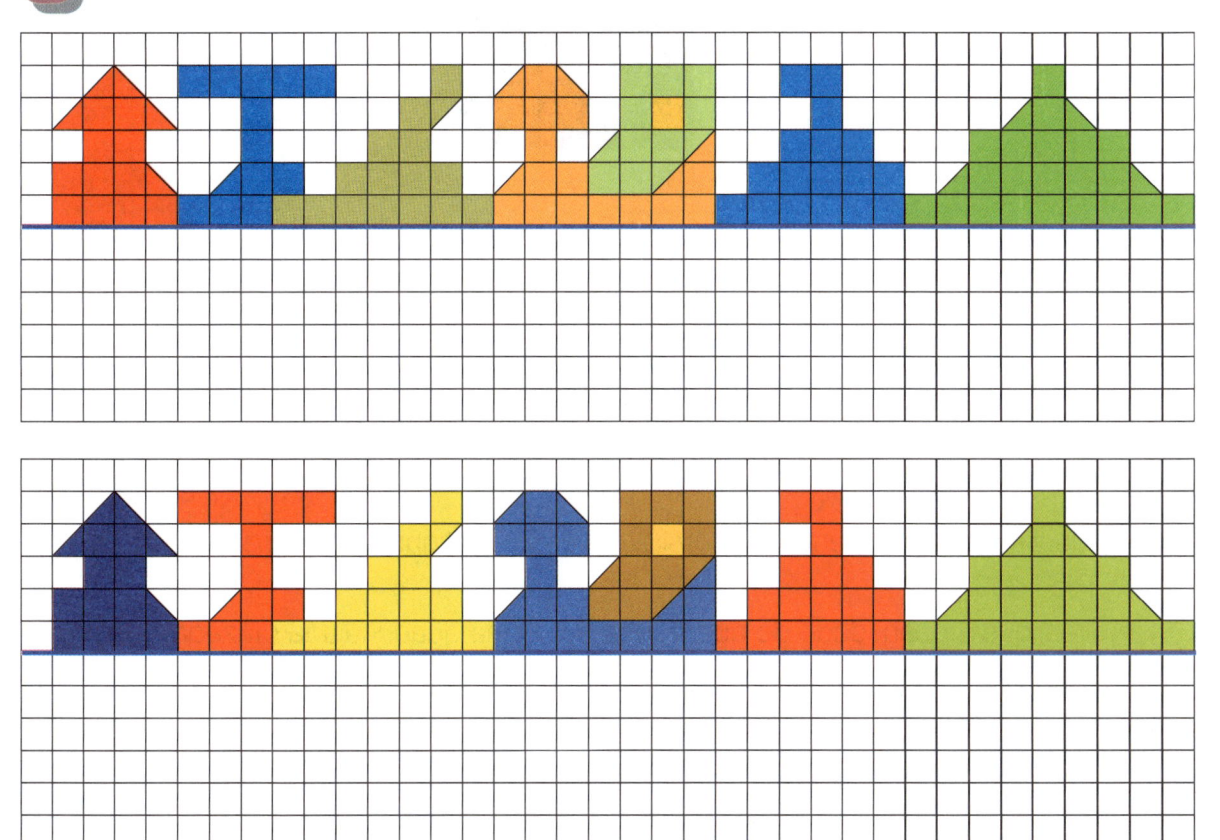

Redução e ampliação de figuras

No início da aula, Ricardo desenhou a seguinte figura:

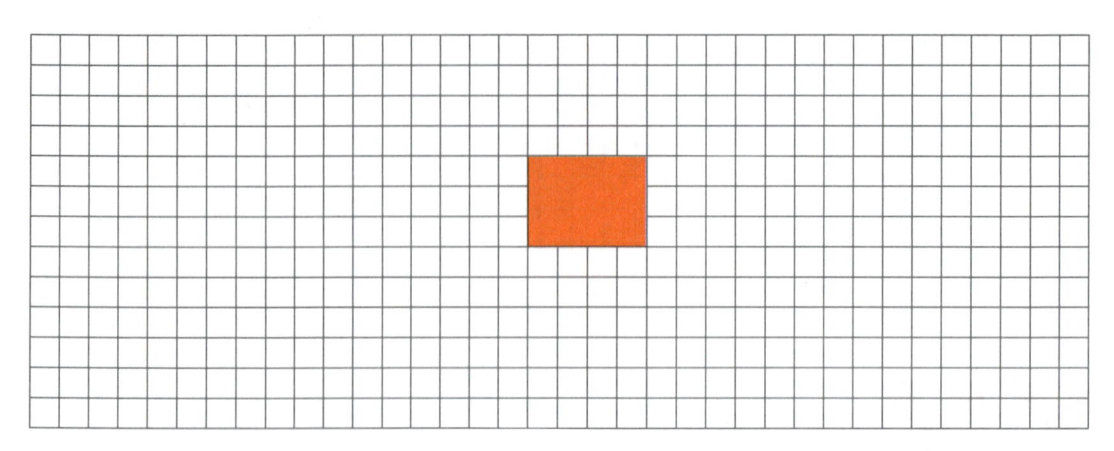

No final da aula, Ricardo fez uma nova figura. Veja como ficou:

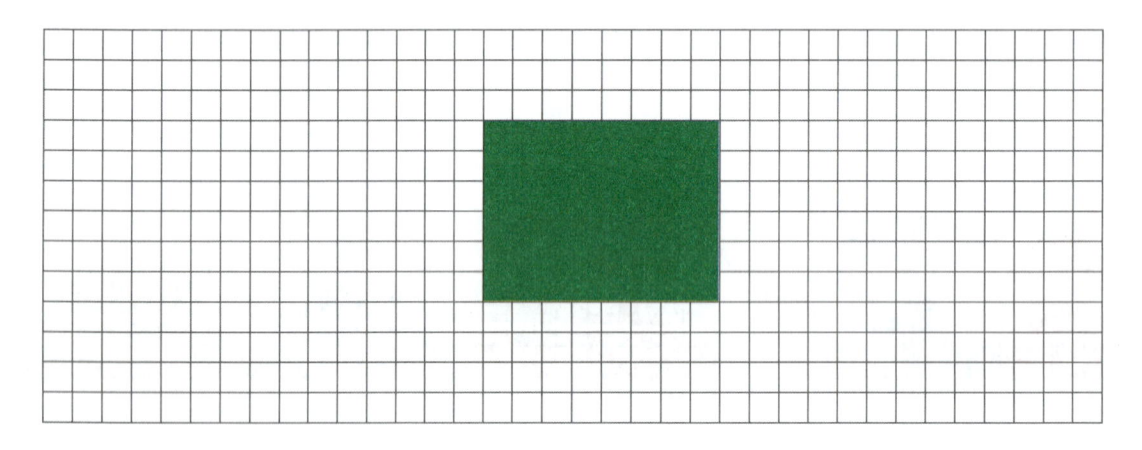

Oberve as duas figuras desenhadas por Ricardo e converse com seus colegas sobre as questões.

- Qual é a diferença entre a primeira e a segunda figuras desenhadas por Ricardo?
- Verifique a quantidade de quadrados da malha quadriculada utilizada na altura das duas figuras. O que você percebe?
- Agora, verifique a quantidade de quadrados da malha quadriculada utilizada na largura das duas figuras. O que você percebe?

Podemos concluir que a segunda figura é uma _____ da primeira figura.

ATIVIDADES

1 Amplie a figura dobrando suas medidas.

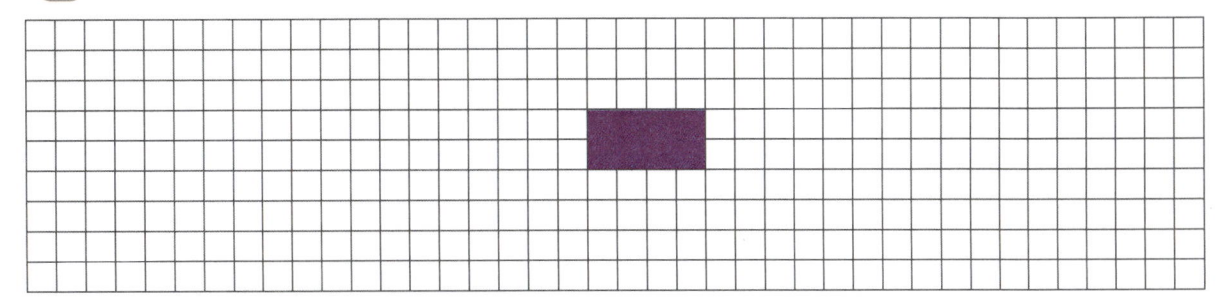

Agora, desenhe uma figura dobrando apenas a medida da altura da figura original.

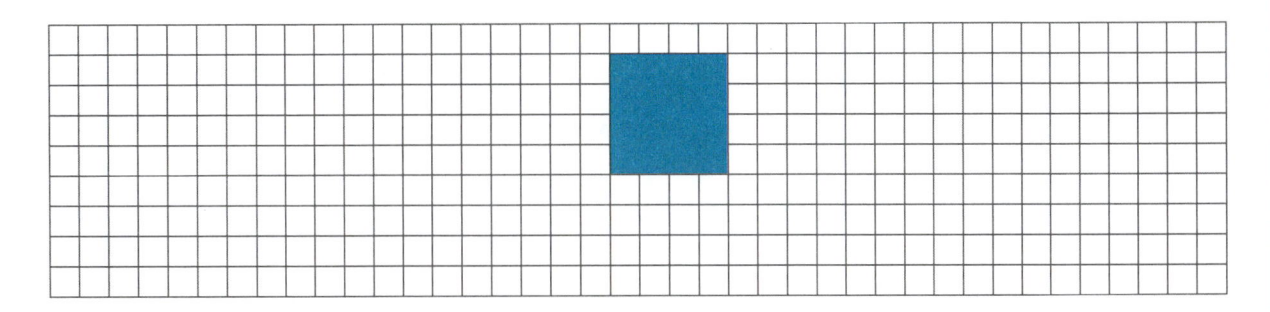

O que aconteceu? A figura permaneceu a mesma?

_____

_____

2 Reduza o desenho do envelope de maneira que seus lados tenham a metade das medidas originais.

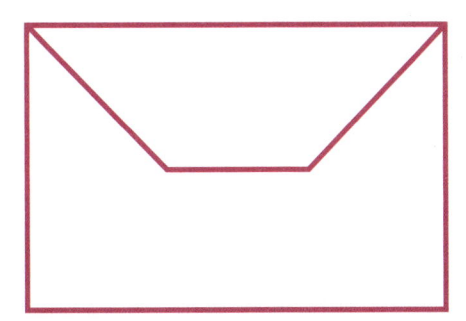

LIÇÃO 14
LOCALIZAÇÃO E MOVIMENTAÇÃO

Pontos de referência, direção e sentido

Observe a vista de uma cidade.

Imagine que uma pessoa saiu da igreja e está na calçada, de frente para o carro branco.

- Descreva as construções que estão à esquerda dessa pessoa.
- Descreva o que essa pessoa pode ver à sua direita.
- Use o carro branco como referência e diga se a *van* vermelha está no mesmo sentido ou sentido contrário dele.
- O carro laranja está na mesma direção que o carro branco? Explique.

> A ideia de **direção** está associada à reta, pois cada reta tem uma só direção. A ideia de **sentido** está associada à mesma reta, pois uma reta tem dois sentidos.

140

Linha horizontal e linha vertical

Observe dois tipos de linha.

h _____
Essa reta **h** representa a linha do horizonte.

Essa reta **v** representa a linha de um prumo de pedreiro.

v

A diferença entre direção e sentido

Observe as formigas sobre as linhas tracejadas. Podemos afirmar que:

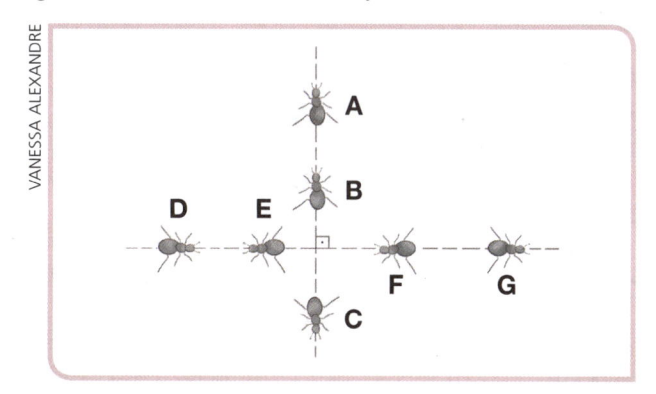

- As formigas A, B e C estão na mesma direção, pois estão sobre a mesma linha reta, porém as formigas B e C estão em sentidos contrários.
- As formigas D e F estão na mesma direção, mas em sentidos contrários.
- As formigas E e F estão na mesma direção e no mesmo sentido.
- As formigas B e F estão em direções diferentes.

As formigas A, B e C estão na direção vertical.
As formigas D, E, F e G estão na direção horizontal.

Retas com a mesma direção.

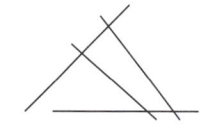

Retas com diferentes direções.

141

ATIVIDADES

1 Observe o esquema das formigas e dê respostas diferentes das que já foram apontadas.

a) Cite duas formigas que estão na mesma direção e no mesmo sentido. _____

b) Cite duas formigas que estão na mesma direção e em sentidos diferentes. _____

c) Cite duas formigas que estão em direções diferentes. _____

2 Desenhe duas retas em cada espaço, conforme indicado.

Duas retas com a mesma direção	Duas retas com direções diferentes

3 Observe o esquema das salas de uma agência de propaganda.

Agora descreva o caminho que o fotógrafo deve fazer quando ele sair da sala, em direção ao carro, no andar térreo. Utilize as noções de direção e sentido, e também pontos de referências como salas, escada etc.

_____

_____

Paralelas, perpendiculares e transversais

Este é o mapa do bairro em que Lucila mora e estuda.

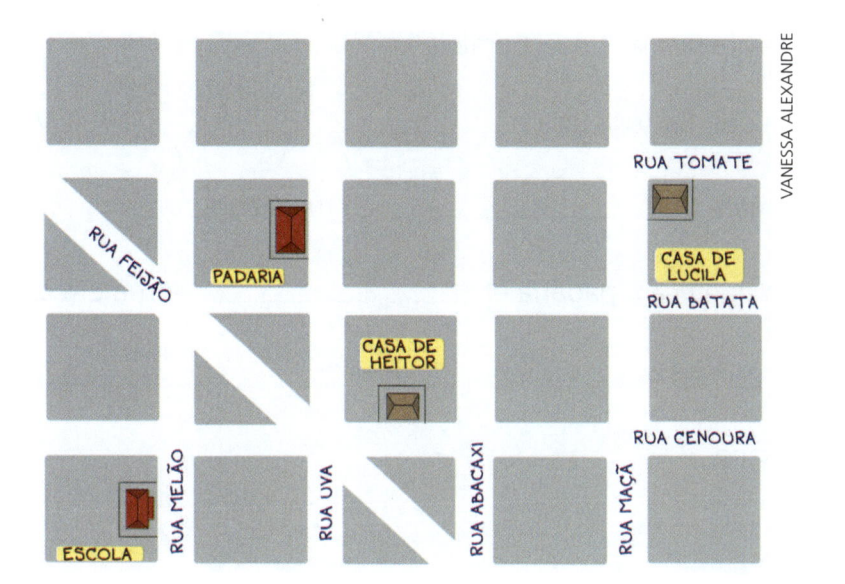

Converse com os colegas sobre estas questões.
- Lucila mora no encontro de quais ruas?
  _____
- Heitor mora em que rua?
  _____
- Utilizando as palavras em frente, direita e esquerda, descreva:
  - o menor caminho para Heitor chegar à escola.
  _____
  _____
  - o menor caminho para Lucila ir de sua casa até a padaria.
  _____
  _____
- No mapa, qual é a rua transversal? _____

Ruas **paralelas** são ruas que se mantêm lado a lado de forma a nunca haver um cruzamento entre elas.

Ruas **perpendiculares** são ruas que se cruzam em determinado momento, possuem um ponto em comum.

Rua **transversal** é uma rua ou avenida que cruza aquela a que se está fazendo referência, uma outra avenida principal.

143

ATIVIDADES

1 Observe novamente o mapa do entorno do bairro de Lucila e complete com as palavras "perpendicular" ou "paralela".

a) A rua em que Heitor mora é _____ à rua Melão.

b) A rua Tomate é _____ à rua Cenoura.

c) A rua em que fica a padaria é _____ à rua em que fica a escola.

d) A rua Feijão não é _____ nem _____ à rua Batata.

2 Observe o mapa.

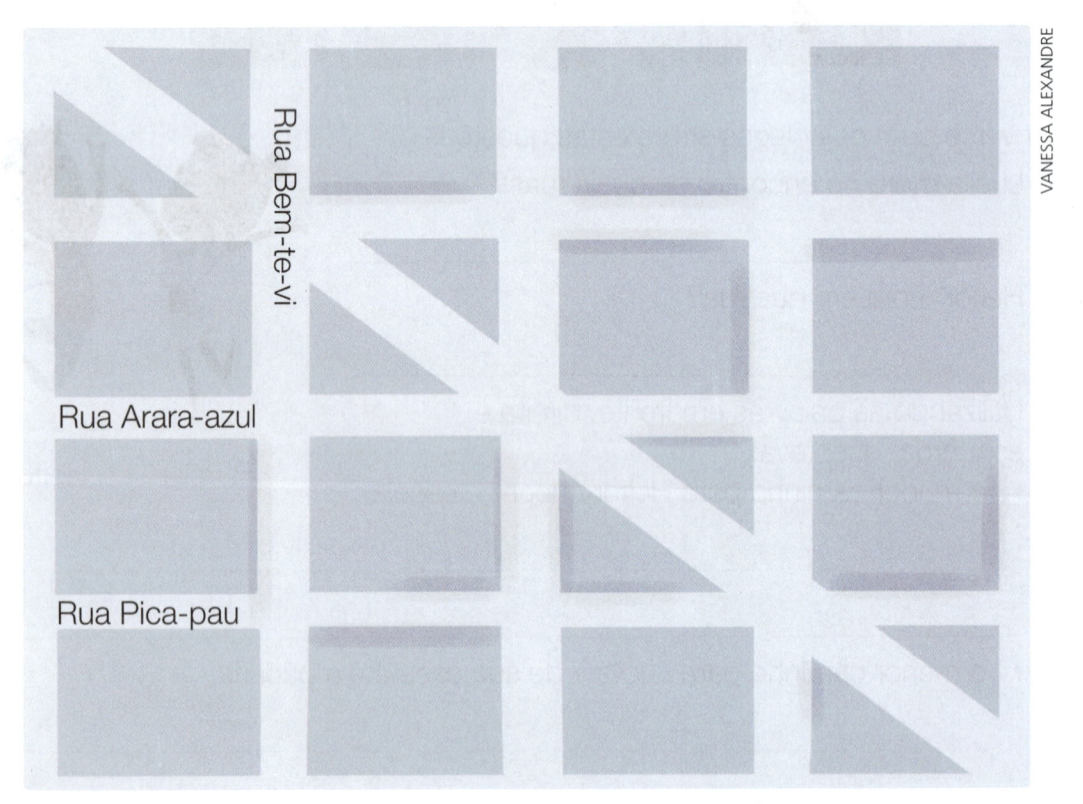

Rua Bem-te-vi

Rua Arara-azul

Rua Pica-pau

Leia as dicas a seguir e complete o mapa com o nome das ruas.

DICAS
- A rua Tuiuiú é transversal à rua Arara-azul e à rua Bem-te-vi.
- A rua Canário é perpendicular à rua Arara-azul e paralela à rua Bem-te-vi.
- A rua Beija-flor está entre as ruas Canário e Bem-te-vi, e todas elas são paralelas.
- A rua João-de-barro é perpendicular à rua Bem-te-vi e paralela à rua Arara-azul.

SEÇÃO 15 — ÁLGEBRA: SENTENÇAS MATEMÁTICAS

Os problemas matemáticos são situações que envolvem números e as operações fundamentais.

Após fazer a leitura para entender as informações dadas, precisamos ficar atentos ao que o exercício pede.

Leia o problema abaixo e acompanhe sua resolução.

> Isabel comprou bombons. Deu 16 para Paula e ficou com 24. Quantos bombons Isabel comprou?

$\boxed{?} - 16 = 24$

└── quantidade desconhecida de bombons

Para descobrirmos esse valor, aplicamos a operação inversa da operação que aparece na sentença matemática.

Por exemplo, na subtração, aplicamos a adição.

$\boxed{?} = 24 + 16$

$\boxed{?} = 40$

Assim, descobrimos que Isabel comprou 40 bombons.

> Lembre-se de que, nesta situação, a subtração faz e a adição desfaz.

Veja estes outros exemplos:

Na adição, aplicamos a subtração.

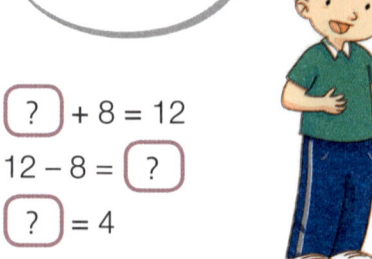

$? + 8 = 12$
$12 - 8 = ?$
$? = 4$

Na multiplicação, aplicamos a divisão.

$? \times 5 = 40$
$? = 40 \div 5$
$? = 8$

Na divisão, aplicamos a multiplicação.

$? \div 2 = 48$
$? = 48 \times 2$
$? = 96$

ATIVIDADES

1 Calcule o valor do ? a partir dos exemplos.

Exemplo 1 $? + 13 = 27 \longrightarrow ? = 27 - 13 \longrightarrow ? = 14$

a) $14 + ? = 18$

$? = $ _____

$? = $ ___

b) $38 + ? = 57$

$? = $ _____

$? = $ ___

c) $25 + ? = 72$

$? = $ _____

$? = $ ___

d) $? + 23 = 89$

$? = $ _____

$? = $ ___

e) ? + 15 = 36

? = _____

? = ___

f) ? + 23 = 56

? = _____

? = ___

Exemplo 2 ? − 6 = 22 → ? = 22 + 6 → ? = 28

a) ? − 7 = 16

? = _____

? = ___

d) ? − 7 = 31

? = _____

? = ___

b) ? − 12 = 38

? = _____

? = ___

e) ? − 17 = 32

? = _____

? = ___

c) ? − 18 = 52

? = _____

? = ___

f) ? − 23 = 16

? = _____

? = ___

Exemplo 3 ? × 3 = 15 → ? = 15 ÷ 3 → ? = 5

a) ? × 5 = 125

? = _____

? = ___

c) ? × 9 = 45

? = _____

? = ___

b) ? × 6 = 72

? = _____

? = ___

d) ? × 2 = 168

? = _____

? = ___

147

e) ? × 8 = 112

? = _____

? = _____

f) ? × 4 = 36

? = _____

? = _____

Exemplo 4 ? ÷ 3 = 21 ⟶ ? = 21 × 3 ⟶ ? = 63

a) ? ÷ 2 = 48

? = _____

? = _____

b) ? ÷ 5 = 40

? = _____

? = _____

c) ? ÷ 2 = 9

? = _____

? = _____

d) ? ÷ 5 = 30

? = _____

? = _____

e) ? ÷ 6 = 13

? = _____

? = _____

f) ? ÷ 3 = 36

? = _____

? = _____

2 Calcule o valor do ? nas igualdades.

a) ? + 18 = 39

? = _____

? = _____

b) ? − 16 = 36

? = _____

? = _____

3 Determine qual dos quatro sinais +, −, × e ÷ deve ser colocado em cada igualdade.

a) 22 [×] 6 = 132

b) 51 [×] 3 = 153

c) 324 [−] 16 = 308

d) 23 [+] 18 = 41

e) 844 [÷] 4 = 211

f) 55 [÷] 5 = 11

g) 16 [÷] 4 = 4

h) 34 [÷] 2 = 17

i) 683 [−] 48 = 635

j) 29 [+] 29 = 58

k) 716 [×] 2 = 1 432

l) 93 [÷] 3 = 31

4 Resolva as sentenças matemáticas.

a) [ ] − 100 = 60

b) [ ] − 260 = 190

c) [ ] − 500 = 310

d) [ ] − 780 = 640

e) [ ] + 175 = 300

f) [ ] + 140 = 400

g) [ ] − 200 = 150

h) [ ] − 300 = 240

i) [ ] − 690 = 400

j) 150 + [ ] = 250

k) 230 + [ ] = 300

l) [ ] + 320 = 500

PARA SE DIVERTIR

Descubra o termo que torna a sentença verdadeira. Depois, cole o adesivo correspondente. Use os adesivos da página 289.

$? + 13 = 20$ $? = 20 - 13$	
$? - 9 = 3$ $? = 3 + 9$	
$? \times 6 = 30$ $? = 30 \div 6$	
$? \div 2 = 4$ $? = 4 \times 2$	

PROBLEMAS

1 Dona Luci vende maçãs na quitanda. Vendeu 7 e ficou com 15. Quantas maçãs havia em sua quitanda?

Cálculo

Resposta: _____

2 O triplo de um número é 27. Qual é esse número?

Cálculo

Resposta: _____

3 Marcelo distribuiu igualmente suas figurinhas entre 3 álbuns. Cada álbum ficou com 16 figurinhas. Qual é o total de figurinhas?

Cálculo

Resposta: _____

4 O dobro de um número é 36. Que número é esse?

Cálculo

Resposta: _____

5 Numa divisão, o divisor é 3 e o quociente é 50. Qual é o dividendo, sendo o resto 1?

Cálculo

Resposta: _____

6 Roberta possuía alguns chaveiros. Ganhou mais 42 e ficou com 63. Quantos chaveiros Roberta possuía?

Cálculo

Resposta: _____

7 Nice distribuiu igualmente pacotes de fraldas entre 9 crianças de uma creche. Cada criança recebeu 15 pacotes de fraldas. Qual foi o total de pacotes de fraldas distribuídos por Nice?

Cálculo

Resposta: _____

8 A idade de vovó menos 15 anos é igual a 53. Qual é a idade de vovó?

Cálculo

Resposta: _____

9 Meu irmão tem R$ 960,00, o que corresponde ao triplo da quantia que tenho. Quanto eu tenho?

Cálculo

Resposta: _____

10 Qual o número que, multiplicado por 16, é igual a 256?

Cálculo

Resposta: _____

11 Vovô distribuiu 75 bombons entre seus netinhos. Cada um recebeu 15 bombons. Quantos netos ele tem?

Cálculo

Resposta: _____

12 Carmen arrumou os livros em 6 prateleiras. Cada prateleira ficou com 35 livros. Quantos livros Carmen distribuiu?

Cálculo

Resposta: _____

INFORMAÇÃO E ESTATÍSTICA

O gráfico de segmentos, também conhecido como gráfico de linhas, apresenta a quantidade de sementes vendida pela Empresa Verde Viva e pela Empresa Mundo das Sementes.

Quantidade de sementes vendidas.

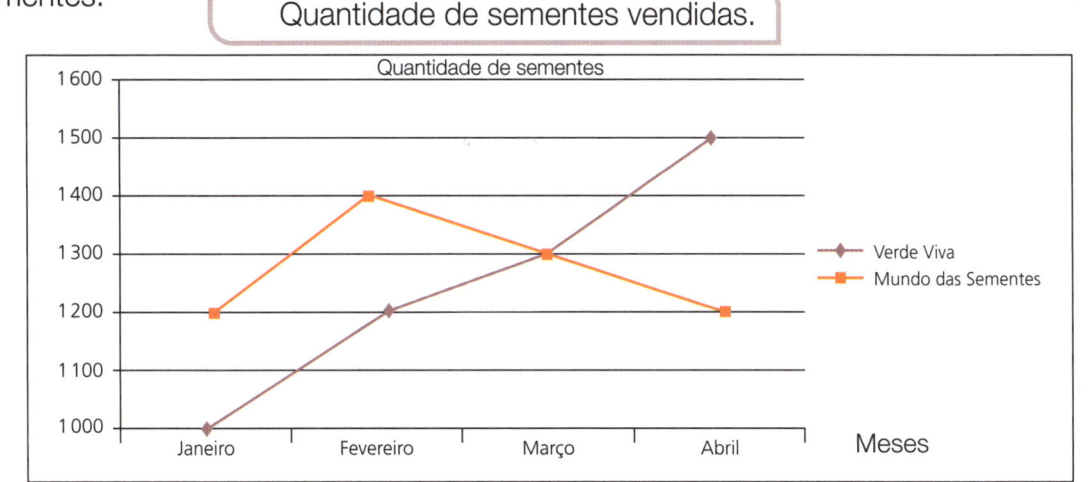

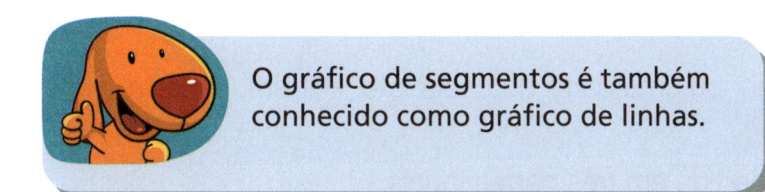

Gráfico: Quantidade de sementes (eixo vertical: 1 000 a 1 600) por Meses (Janeiro, Fevereiro, Março, Abril).
- Verde Viva: Janeiro 1 000; Fevereiro 1 200; Março 1 300; Abril 1 500.
- Mundo das Sementes: Janeiro 1 200; Fevereiro 1 400; Março 1 300; Abril 1 200.

> O gráfico de segmentos é também conhecido como gráfico de linhas.

Observando o gráfico, responda:

a) Em que mês as duas empresas venderam as mesmas quantidades de sementes?
_____

b) Qual empresa vendeu mais sementes no mês de abril?
_____

c) Qual empresa vendeu mais sementes no mês de fevereiro?
_____

d) Quantas sementes a Empresa Verde Viva vendeu em janeiro? E a Empresa Mundo das Sementes?
_____

e) Converse com seus colegas sobre as características desse tipo de gráfico.

LIÇÃO 16 — FRAÇÕES

Fração

Você já parou para pensar que, em nosso dia a dia, estamos rodeados por frações?
Observe.

- Juliana ganhou uma barra de chocolate. Repartiu a barra com suas amigas Ana e Simone.

A barra foi repartida em três partes iguais.

$$\boxed{\frac{1}{3}} \quad \frac{1}{3} \quad \frac{1}{3} \qquad 1 \div 3$$

$$\underbrace{}_{\frac{1}{3}}$$

Cada uma das meninas ficou com uma parte do chocolate, ou seja, a **terça parte** do chocolate ou $\frac{1}{3}$.

Observe outras situações.

- Ricardo dividiu o seu lanche com Francisco. Deu a **metade** $\left(\frac{1}{2}\right)$ de seu sanduíche a ele.

- Mariana tomou **meio** copo de leite.

Para representar quantidades como essas, usamos **frações**.
Procure outras situações nas quais usamos as frações.
Converse sobre isso com seus colegas e seu professor.

Representando as partes do inteiro

Pintei 1 das 2 partes das figuras, ou seja, pintei a **metade** ou pintei $\frac{1}{2}$.

$\frac{1}{2}$ 2 partes iguais $\frac{1}{2}$ 2 partes iguais $\frac{1}{2}$ 2 partes iguais

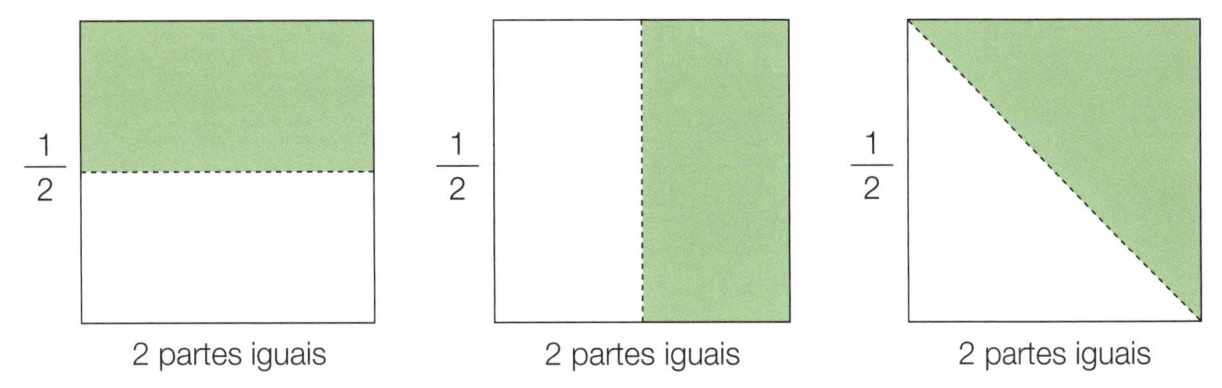

Pintei 1 das 3 partes das figuras, ou seja, pintei **um terço** (ou a terça parte) ou pintei $\frac{1}{3}$.

$\frac{1}{3}$ 3 partes iguais $\frac{1}{3}$ 3 partes iguais

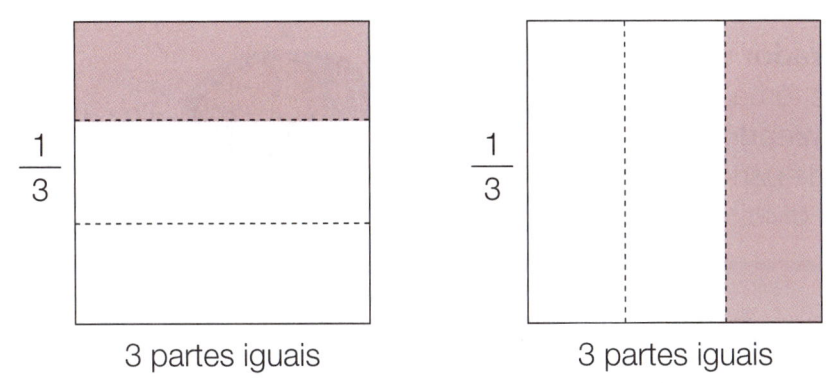

Pintei 1 das 4 partes das figuras, ou seja, pintei **um quarto** (ou a quarta parte) ou pintei $\frac{1}{4}$.

$\frac{1}{4}$ 4 partes iguais $\frac{1}{4}$ 4 partes iguais

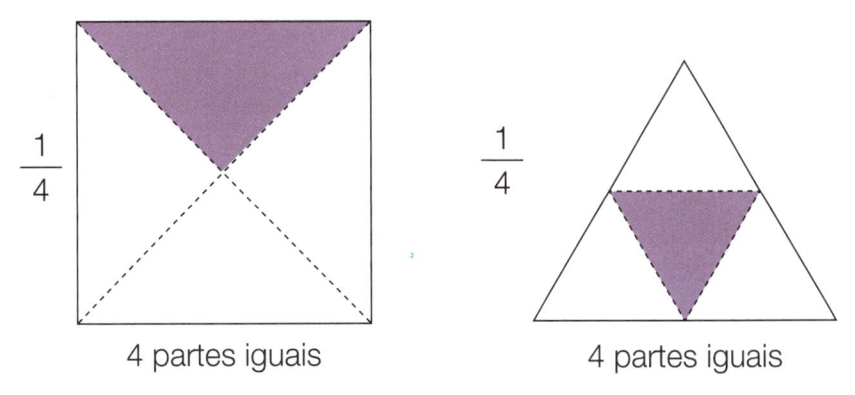

Os números representados por $\frac{1}{2}$, $\frac{1}{3}$ e $\frac{1}{4}$ são chamados de **frações**.

Eles indicam partes de um inteiro representado pelas figuras acima.

Leitura e escrita de frações

Para representar frações, usamos na escrita dois números naturais separados por um traço horizontal que, simbolicamente, indica a divisão de um número pelo outro.

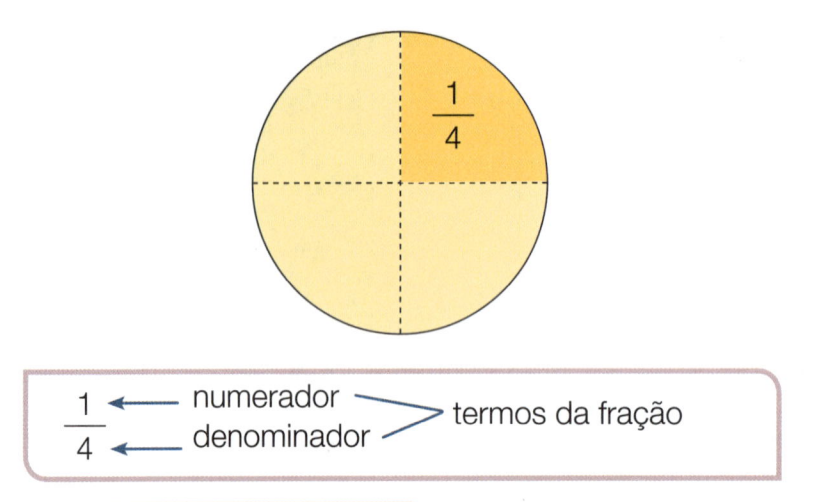

$$\frac{1}{4} \leftarrow \text{numerador}$$
$$\frac{1}{4} \leftarrow \text{denominador}$$
termos da fração

O **numerador** representa o número de partes tomadas do inteiro.
O **denominador** representa o número de partes iguais em que o inteiro foi dividido e dá nome à fração.

Procure no dicionário o que significa a palavra denominador.

Observe como fazemos a leitura de algumas frações.

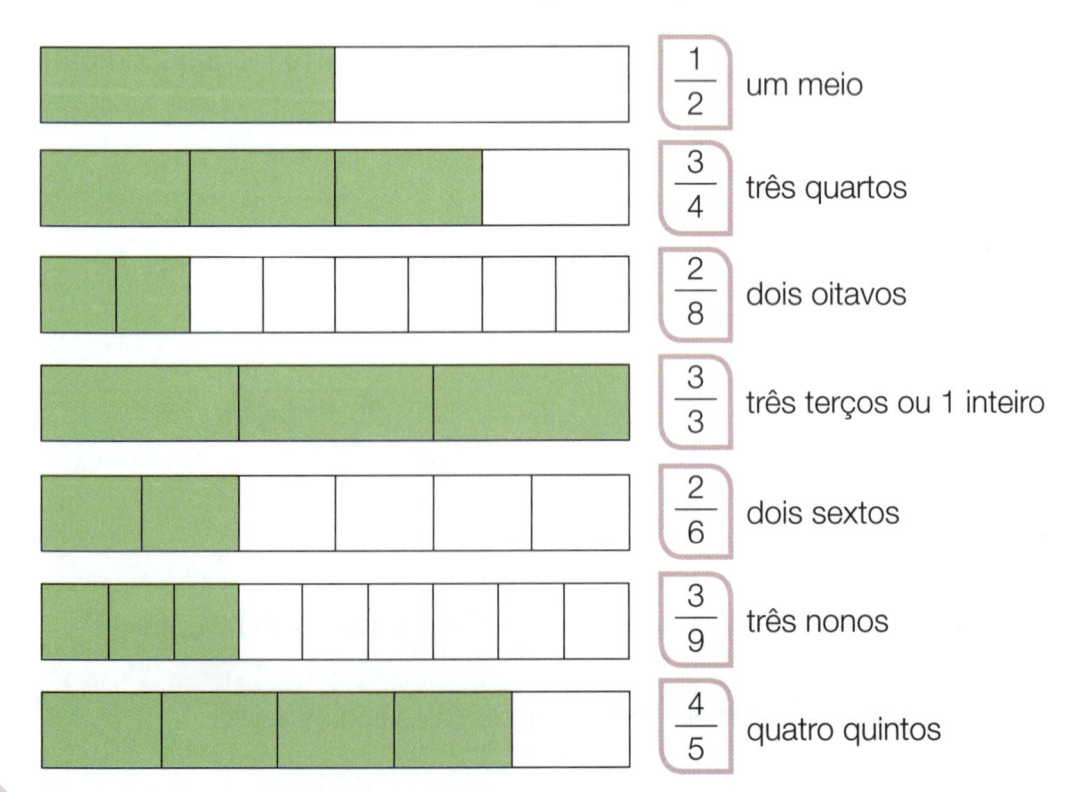

$\frac{1}{2}$ um meio

$\frac{3}{4}$ três quartos

$\frac{2}{8}$ dois oitavos

$\frac{3}{3}$ três terços ou 1 inteiro

$\frac{2}{6}$ dois sextos

$\frac{3}{9}$ três nonos

$\frac{4}{5}$ quatro quintos

$\dfrac{5}{5}$ cinco quintos ou 1 inteiro

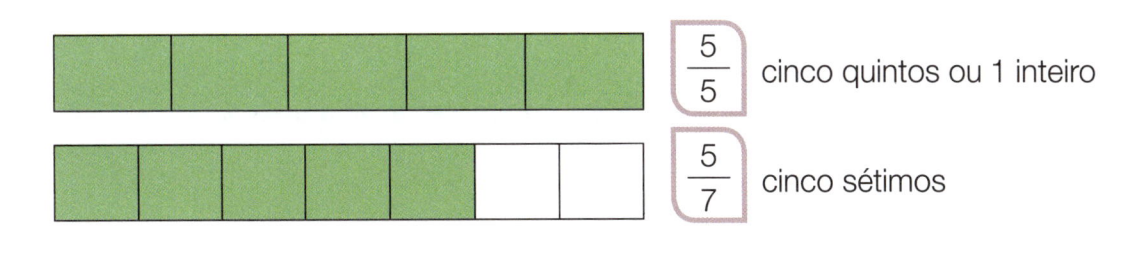

$\dfrac{5}{7}$ cinco sétimos

> Numa fração, se o numerador e o denominador forem **iguais**, a fração será igual ao **inteiro**.

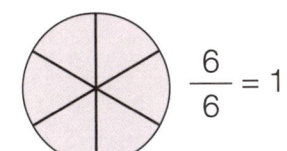

$\dfrac{6}{6} = 1$ 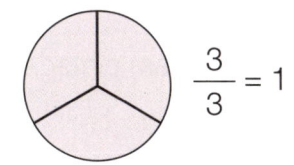 $\dfrac{3}{3} = 1$

Para frações com denominadores iguais a 10, 100, 1 000, lemos o numerador acompanhado das palavras **décimos**, **centésimos**, **milésimos**.

Exemplos:

$\dfrac{7}{10}$ $\dfrac{4}{100}$ $\dfrac{4}{1\,000}$

sete décimos   quatro centésimos   quatro milésimos

Leitura de frações além de décimos

Para ler qualquer fração com o **denominador maior que 10**, lemos o numerador, o denominador e, em seguida, a palavra **avos**.

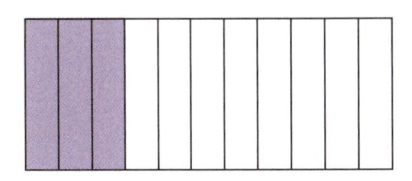

$\dfrac{3}{11}$ três onze **avos** 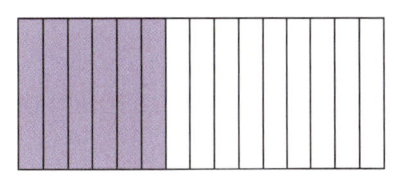 $\dfrac{6}{15}$ seis quinze **avos**

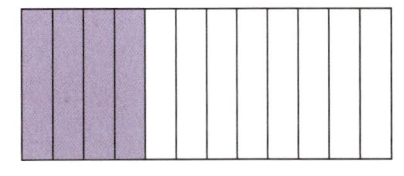

$\dfrac{4}{12}$ quatro doze **avos**

ATIVIDADES

1 Observe as figuras e responda às questões referentes a cada uma.

a)

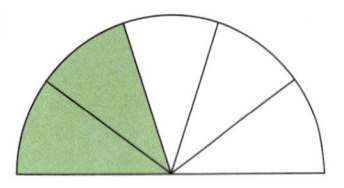

- Em quantas partes a figura foi dividida? _____

- Quantas partes foram pintadas? _____

- Que fração representa a parte pintada da figura? _____

- Como se lê essa fração? _____

- Que fração representa a parte não pintada da figura? _____

- Como se lê essa fração? _____

b)

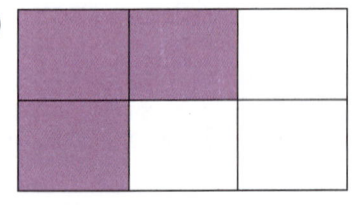

- Em quantas partes a figura foi dividida? _____

- Quantas partes foram pintadas? _____

- Que fração representa a parte pintada da figura? _____

- Como se lê essa fração? _____

- Que fração representa a parte não pintada da figura? _____

- Como se lê essa fração? _____

2 Represente em forma de fração a parte colorida de cada figura e escreva a sua leitura.

a)

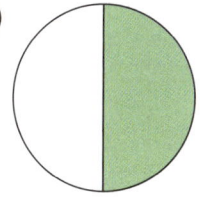

b)

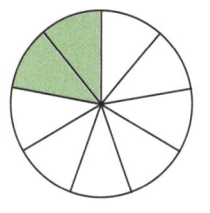

c)

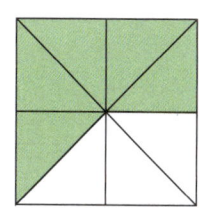

d)

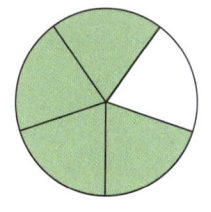

e)

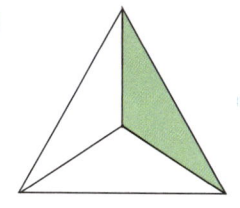

f)

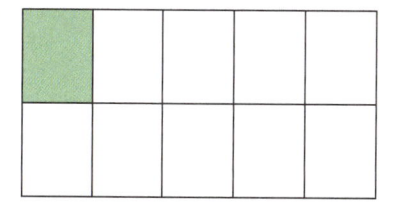

g)

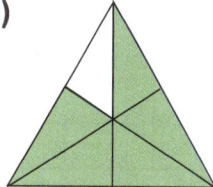

h)

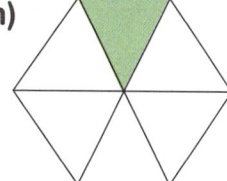

i)

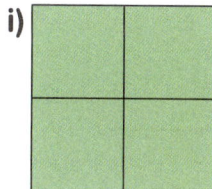

j)

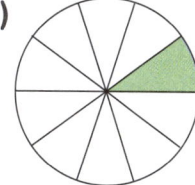

k)

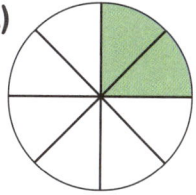

l)

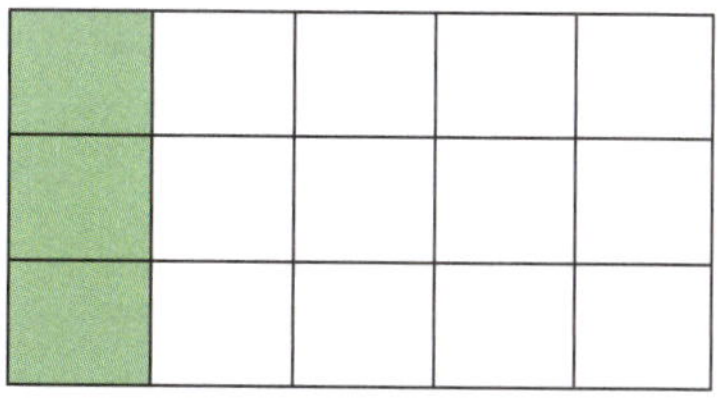

3 Pinte a fração indicada em cada figura.

a) $\dfrac{1}{4}$

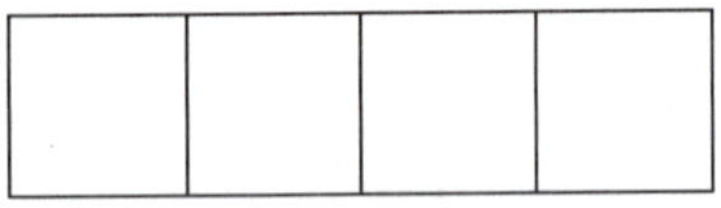

b) $\dfrac{4}{8}$

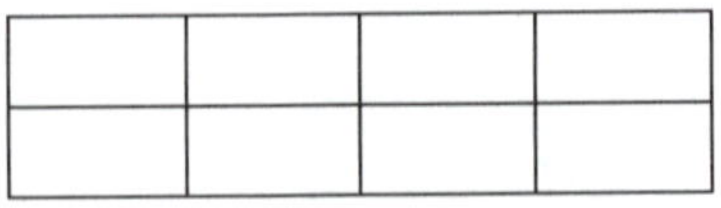

c) $\dfrac{5}{7}$

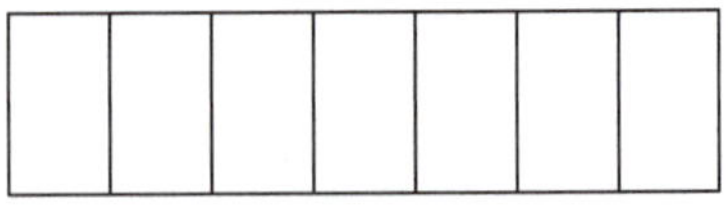

d) $\dfrac{3}{5}$

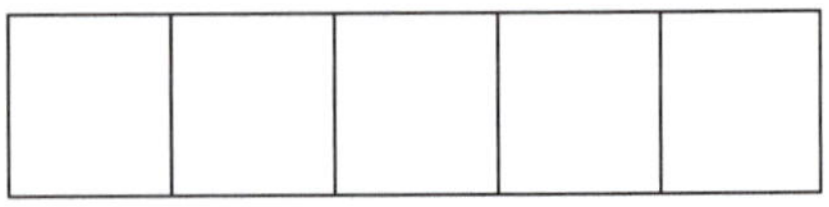

4 Represente em forma de desenho as seguintes frações.

a) $\dfrac{3}{4}$

b) $\dfrac{4}{6}$

c) $\dfrac{5}{8}$

d) $\dfrac{8}{10}$

5 Escreva a fração que está representada em cada figura.

a)

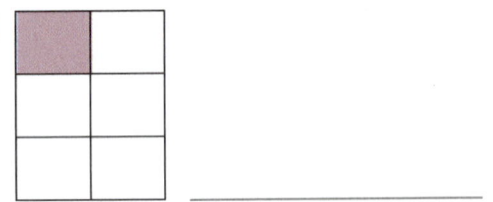

b)

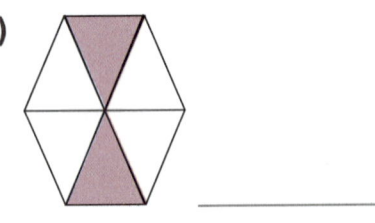

c)

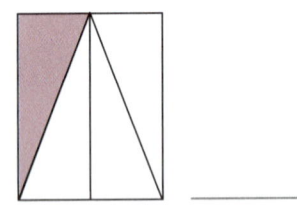

d)

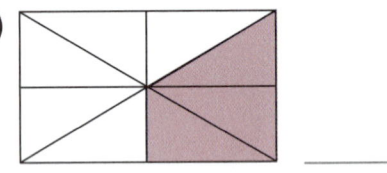

6 Escreva a fração que corresponde a:

a) nove centésimos

b) um nono

c) três sextos

d) quatro oitavos

e) cinco décimos

f) dez milésimos

162

7 Divida estas figuras e represente as frações indicadas.

$\frac{3}{4}$

$\frac{4}{5}$

$\frac{4}{8}$

$\frac{5}{7}$

8 Contorne as frações que representam um inteiro.

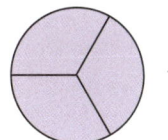

$\frac{3}{3}$ 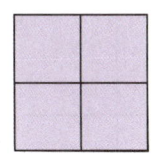 $\frac{4}{4}$ 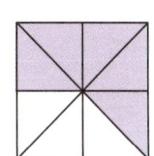 $\frac{5}{8}$

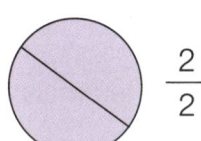

$\frac{2}{2}$ 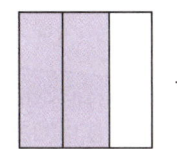 $\frac{2}{3}$ 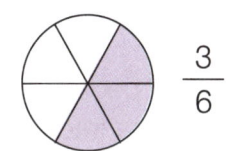 $\frac{3}{6}$

DESAFIO

Observe a figura.

a) Quantas partes estão pintadas de cada cor?

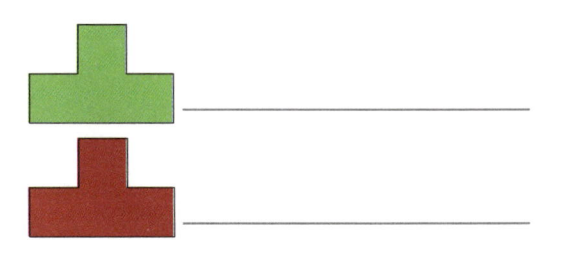

_____

_____

b) Que fração da figura está representada na cor verde? _____

E na vermelha? _____

LIÇÃO 17 — COMPARAÇÃO DE FRAÇÕES

Situação 1

Beto e Lucas terminaram a tarefa de Matemática. A mãe de Beto ofereceu uma *pizza* aos meninos.

A *pizza* oferecida foi dividida em 4 pedaços iguais.

Veja a representação:

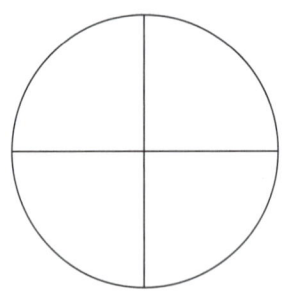

Beto comeu 2 pedaços e Lucas comeu 1 pedaço. Quem comeu mais *pizza*? Vamos usar uma fração para representar a situação.

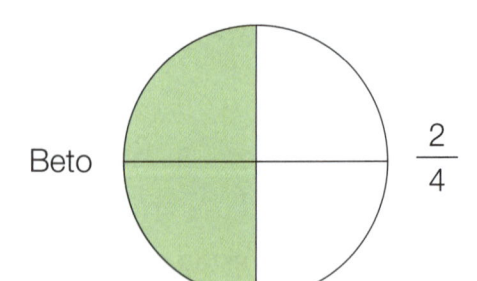

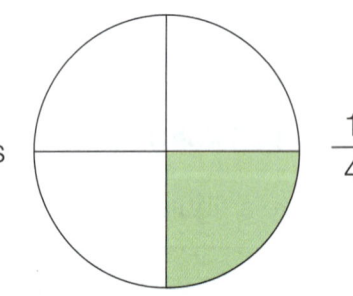

Beto $\dfrac{2}{4}$ Lucas $\dfrac{1}{4}$

Beto comeu $\dfrac{2}{4}$ da *pizza* e Lucas comeu $\dfrac{1}{4}$.

Logo, $\dfrac{2}{4}$ é maior que $\dfrac{1}{4}$.

$$\frac{2}{4} > \frac{1}{4}$$

Quando duas ou mais frações possuem **denominadores iguais**, a fração maior é a que tem **maior numerador**.

Situação 2

A mãe de Beto comprou duas *pizzas* divididas da seguinte forma:

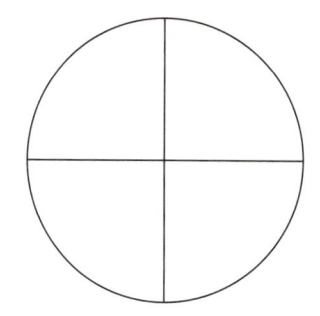

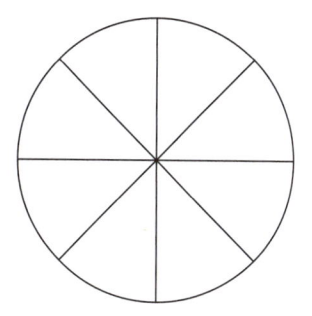

- Beto comeu 2 pedaços da *pizza*, que foi dividida em 4 partes iguais.
- Lucas comeu 2 pedaços da *pizza*, que foi dividida em 8 partes iguais.
- Quem comeu a maior parte de *pizza*? Por quê?

Observe essa situação representada por meio de figuras.

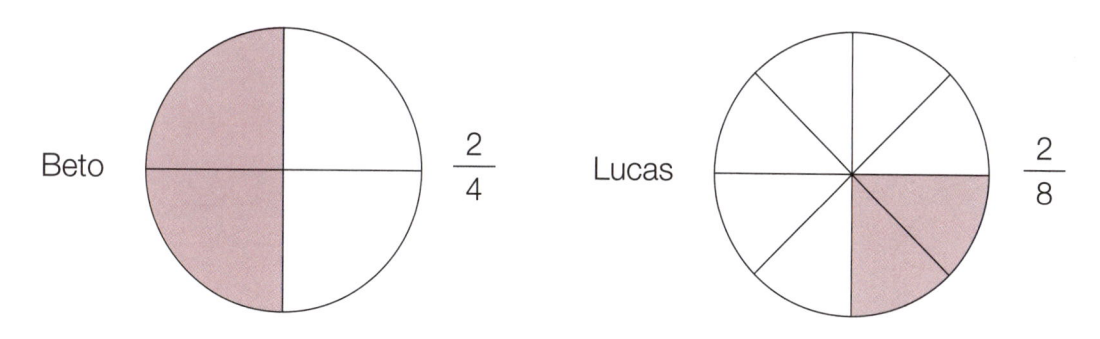

Beto $\dfrac{2}{4}$ Lucas $\dfrac{2}{8}$

$\dfrac{2}{4}$ é maior que $\dfrac{2}{8}$.

numeradores iguais

$\dfrac{2}{4} > \dfrac{2}{8}$

denominador menor

> Quando duas ou mais frações possuem **numeradores iguais**, a fração maior é aquela que tem **menor denominador**.

ATIVIDADES

1 Compare as figuras e escreva as frações representadas pelas partes pintadas, usando os sinais > (maior que), < (menor que) e = (igual).

Exemplos:

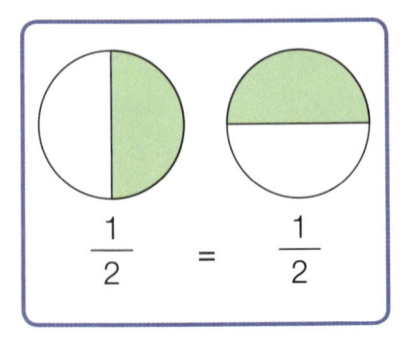

$\dfrac{1}{2} = \dfrac{1}{2}$

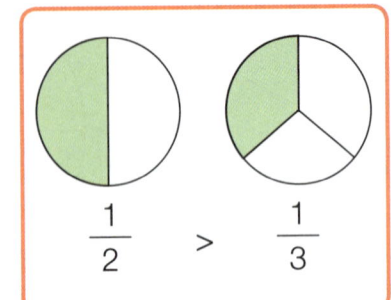

$\dfrac{1}{2} > \dfrac{1}{3}$

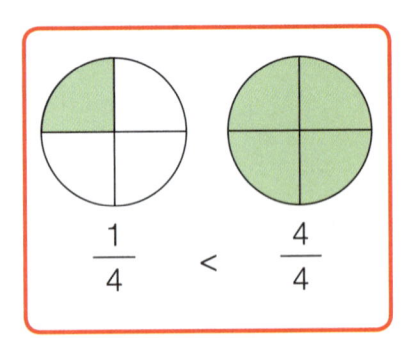

$\dfrac{1}{4} < \dfrac{4}{4}$

a)

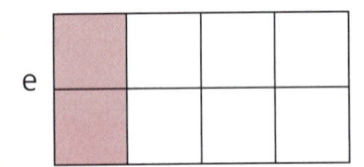

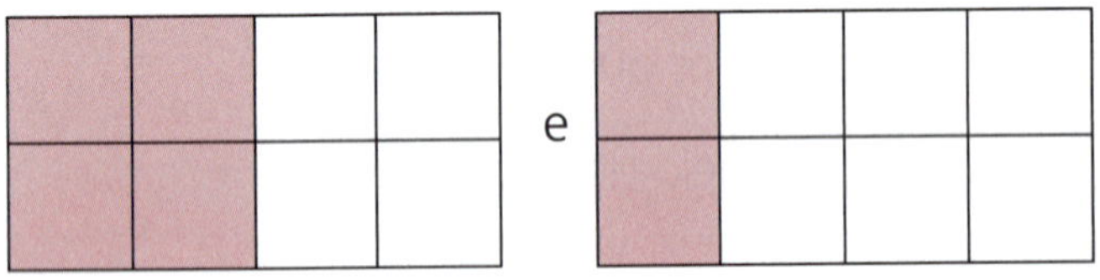

b)

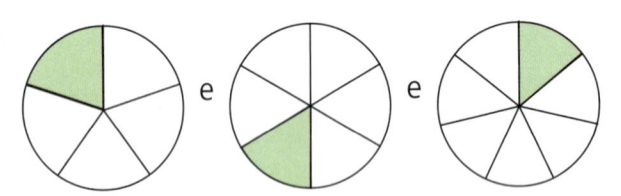

c)

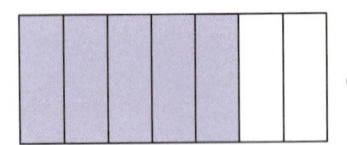

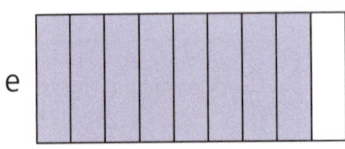

d)

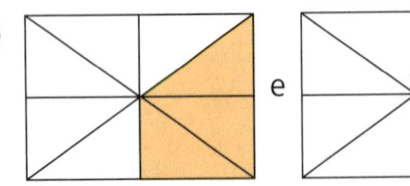

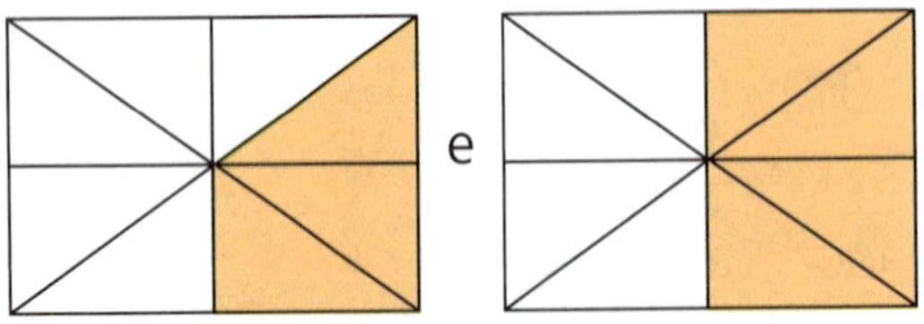

e)

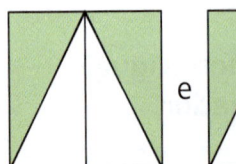

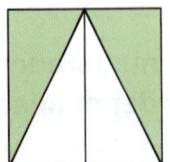

2 Identifique a fração maior e represente-a em forma de desenho.

$$\frac{3}{6} \qquad \frac{2}{6} \qquad \frac{5}{6}$$

3 Identifique a fração menor e represente-a em forma de desenho.

$$\frac{3}{6} \qquad \frac{3}{8} \qquad \frac{3}{4} \qquad \frac{3}{5}$$

4 Complete com os sinais > ou <.

a) $\frac{1}{8} \bigcirc \frac{4}{8}$ d) $\frac{2}{4} \bigcirc \frac{7}{4}$ g) $\frac{7}{8} \bigcirc \frac{6}{8}$

b) $\frac{4}{7} \bigcirc \frac{2}{7}$ e) $\frac{3}{3} \bigcirc \frac{2}{3}$ h) $\frac{6}{9} \bigcirc \frac{8}{9}$

c) $\frac{6}{9} \bigcirc \frac{4}{9}$ f) $\frac{2}{6} \bigcirc \frac{1}{6}$ i) $\frac{3}{8} \bigcirc \frac{1}{8}$

5 Escreva as frações em ordem crescente e em ordem decrescente usando os sinais > ou <.

$$\frac{5}{8} \quad \frac{5}{10} \quad \frac{5}{9} \quad \frac{5}{6} \quad \frac{5}{7}$$

ordem crescente

ordem decrescente

6 Pinte o que é pedido.

a) uma fração maior que $\frac{3}{7}$

b) uma fração menor que $\frac{2}{3}$

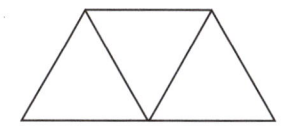

167

Frações equivalentes

Ana e Guido pintaram faixas coloridas em folhas de sulfite de mesmo tamanho. Ana pintou $\frac{1}{2}$ (um meio) da folha e Guido pintou $\frac{2}{4}$ (dois quartos).

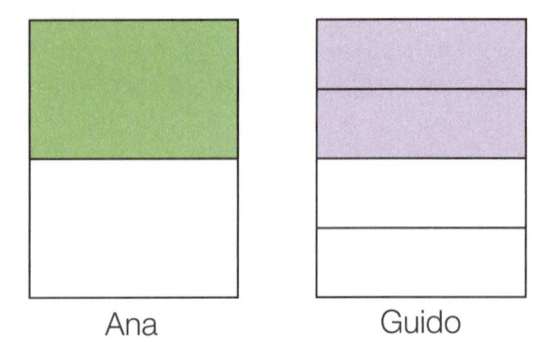

Ana   Guido

Observe que a parte colorida da folha de Ana ocupa a mesma área da parte colorida da folha de Guido.

As frações $\frac{1}{2}$ e $\frac{2}{4}$ representam a mesma parte do todo e são chamadas de **frações equivalentes**.

> **Frações equivalentes** são frações que representam a mesma parte do inteiro.

Dada uma fração, para encontrar uma outra fração equivalente a ela, basta **multiplicar** ou **dividir** seu numerador e seu denominador por um mesmo número natural diferente de 0.

Observe este exemplo.
Vamos encontrar uma fração equivalente a $\frac{1}{5}$.

multiplicando: $\frac{1 \times 2}{5 \times 2} = \frac{2}{10}$ $\boxed{\frac{1}{5} = \frac{2}{10}}$

Vamos encontrar uma fração equivalente a $\frac{4}{8}$.

dividindo: $\frac{4 \div 2}{8 \div 2} = \frac{2}{4}$

$\frac{2 \div 2}{4 \div 2} = \frac{1}{2}$

Logo, as frações $\frac{2}{4}$, $\frac{1}{2}$ e $\frac{4}{8}$ são equivalentes.

ATIVIDADES

1 Complete as frações para que sejam equivalentes.

a) $\dfrac{1}{2} = \dfrac{\boxed{}}{4}$

b) $\dfrac{6}{8} = \dfrac{\boxed{}}{4}$

c) $\dfrac{1}{3} = \dfrac{3}{\boxed{}}$

d) $\dfrac{6}{9} = \dfrac{2}{\boxed{}}$

e) $\dfrac{2}{3} = \dfrac{\boxed{}}{6}$

f) $\dfrac{8}{10} = \dfrac{4}{\boxed{}}$

2 Pinte e complete para que as frações sejam equivalentes. Observe o exemplo.

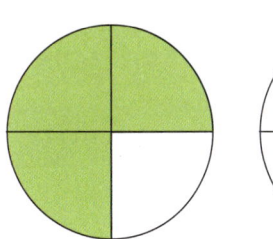

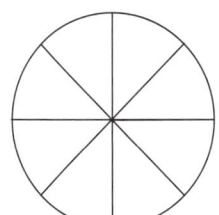

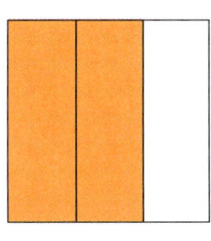

a) $\dfrac{1}{2} = \dfrac{3}{6}$

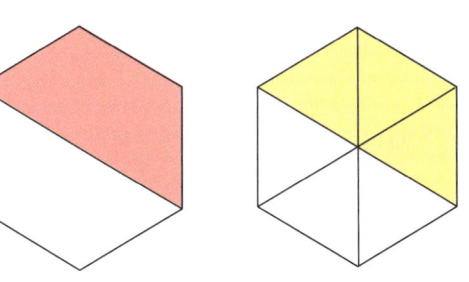

b) $\dfrac{2}{4} = \dfrac{}{}$

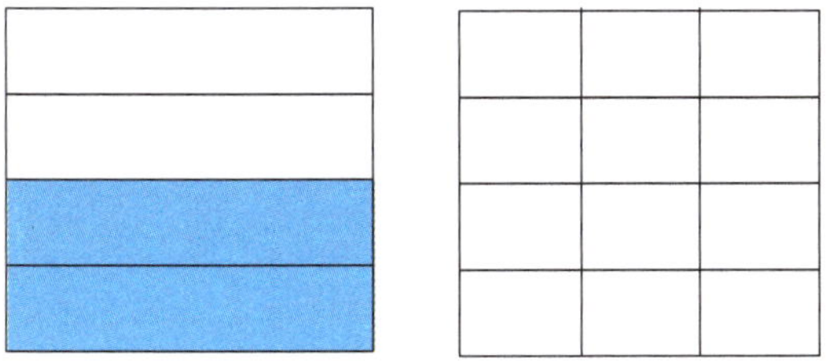

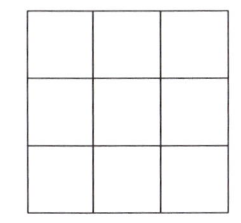

c) $\dfrac{3}{4} = \dfrac{}{}$

d) $\dfrac{2}{3} = \dfrac{}{}$

3 Circule as frações equivalentes em cada item.

a) $\frac{2}{4}$ $\frac{4}{6}$ $\frac{4}{8}$ $\frac{8}{16}$ $\frac{3}{6}$ $\frac{1}{2}$

c) $\frac{9}{12}$ $\frac{4}{12}$ $\frac{3}{4}$ $\frac{18}{24}$ $\frac{5}{8}$ $\frac{9}{15}$

b) $\frac{1}{2}$ $\frac{2}{4}$ $\frac{1}{4}$ $\frac{2}{5}$ $\frac{8}{16}$ $\frac{1}{7}$

d) $\frac{2}{3}$ $\frac{4}{7}$ $\frac{2}{6}$ $\frac{4}{6}$ $\frac{8}{12}$ $\frac{6}{12}$

4 As seguintes frações são equivalentes?

a) $\frac{6}{3}$ e $\frac{10}{5}$ Sim ☐   Não ☐

b) $\frac{2}{3}$ e $\frac{6}{9}$ Sim ☐   Não ☐

c) $\frac{5}{6}$ e $\frac{2}{3}$ Sim ☐   Não ☐

d) $\frac{6}{4}$ e $\frac{9}{6}$ Sim ☐   Não ☐

5 Em cada item, escreva três frações equivalentes.

a) $\frac{5}{6}$ ____, ____, ____

b) $\frac{1}{7}$ ____, ____, ____

c) $\frac{1}{10}$ ____, ____, ____

d) $\frac{20}{100}$ ____, ____, ____

e) $\frac{50}{100}$ ____, ____, ____

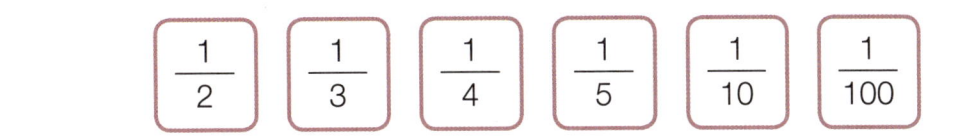

6 Cada uma das retas a seguir foi dividida em partes iguais. Em cada uma é possível localizar um dos números abaixo. Indique-os corretamente.

$\dfrac{1}{2}$ $\dfrac{1}{3}$ $\dfrac{1}{4}$ $\dfrac{1}{5}$ $\dfrac{1}{10}$ $\dfrac{1}{100}$

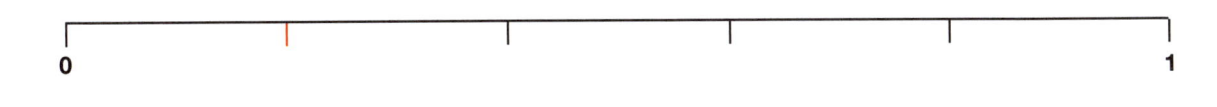

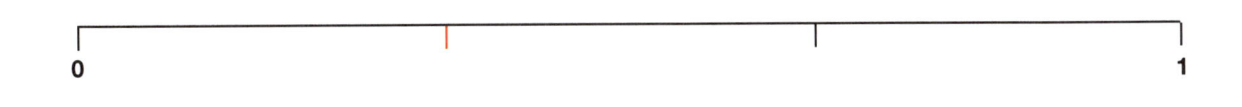

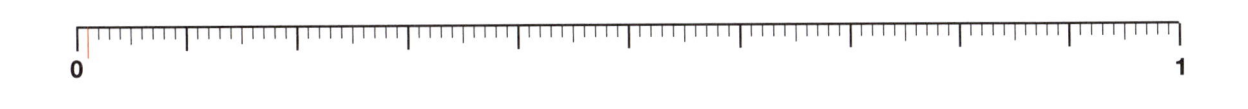

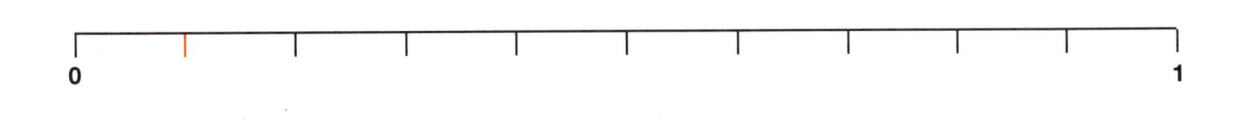

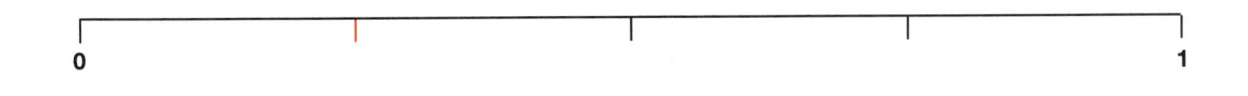

LIÇÃO 18 — TRABALHANDO COM FRAÇÕES

Observe as situações abaixo.

Situação 1

Gustavo ganhou 16 figurinhas. Colou 4 em seu álbum.

Que fração representa a parte das figurinhas coladas por Gustavo em seu álbum?

Vamos resolver essa questão.
Gustavo colou 4 figurinhas em seu álbum, ou seja:
4 figurinhas de um total de 16 corresponde à seguinte fração: $\dfrac{4}{16}$

Situação 2

Ricardo ganhou R$ 10,00. Usou $\dfrac{1}{5}$ do dinheiro para comprar um refrigerante. Quanto ele gastou com o refrigerante?

Vamos resolver essa questão.
Trocando uma nota de R$ 10,00 por 5 notas de R$ 2,00.

Ricardo gastou $\dfrac{1}{5}$ do dinheiro, ou seja, 2 reais.

$\dfrac{1}{5}$ de 10 é igual a 2.   ou $\dfrac{1}{5}$ de 10 = 2.

Ricardo gastou 2 reais com o refrigerante.

Situação 3

Mônica desenhou 6 triângulos e pintou 2. Que fração do total representa a quantidade de triângulos que Mônica pintou?

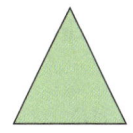

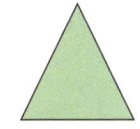

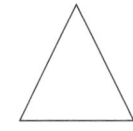

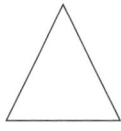

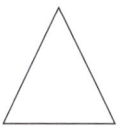

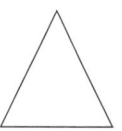

Mônica pintou 2 dos triângulos que desenhou. Essa quantidade corresponde a $\frac{2}{6}$ do total de triângulos.

$$\frac{2}{6} \text{ de } 6 = 2$$

Situação 4

O professor de Educação Física de uma turma com 30 alunos resolveu fazer equipes para jogar 3 diferentes esportes.

Os alunos foram organizados em grupos para cada esporte.

Observe como ele formou as equipes.

- 3 grupos para jogar futebol.

- 5 grupos para jogar vôlei.

- 6 grupos para jogar basquete.

Vamos representar o número de alunos de cada time por meio de figuras.

Futebol $\frac{1}{3}$ (um terço)

Vamos representar os 30 alunos distribuídos em 3 grupos de 10 alunos.

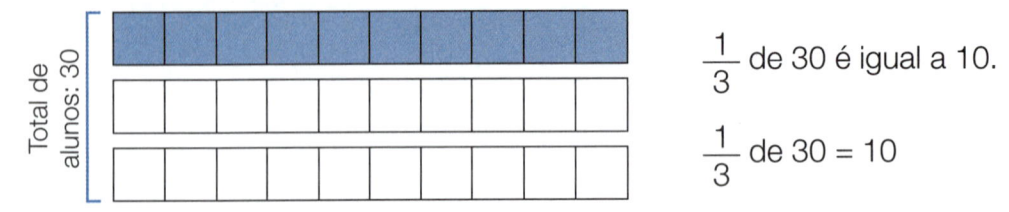

$\frac{1}{3}$ de 30 é igual a 10.

$\frac{1}{3}$ de 30 = 10

Cada time de futebol tem 10 alunos.

Vôlei $\frac{1}{5}$ (um quinto)

Vamos representar os 30 alunos distribuídos em 5 grupos de 6 alunos.

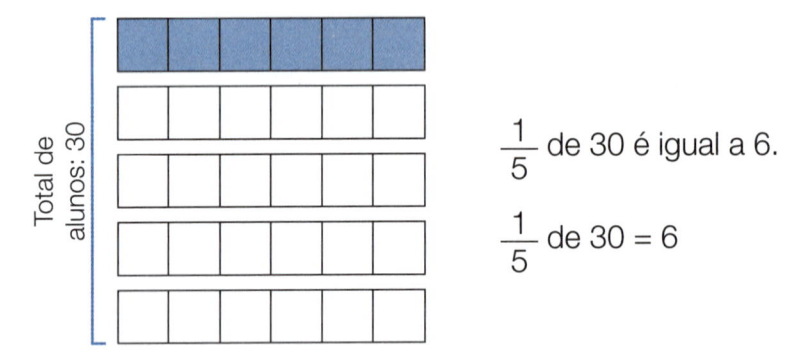

$\frac{1}{5}$ de 30 é igual a 6.

$\frac{1}{5}$ de 30 = 6

Cada time de vôlei tem 6 alunos.

Basquete $\frac{1}{6}$ (um sexto)

Vamos representar os 30 alunos distribuídos em 6 grupos de 5 alunos.

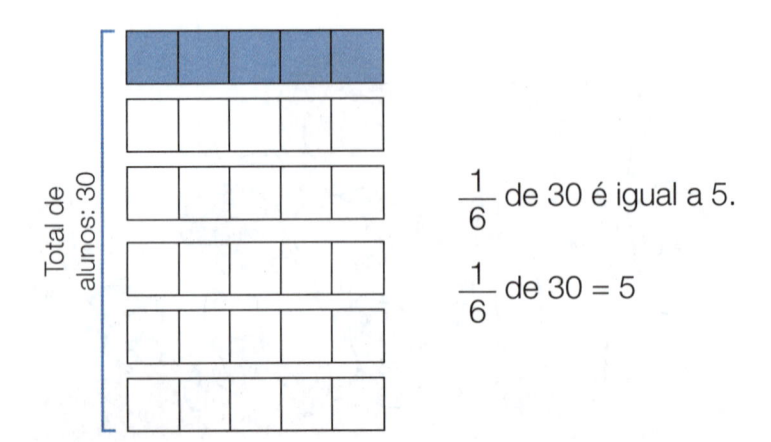

$\frac{1}{6}$ de 30 é igual a 5.

$\frac{1}{6}$ de 30 = 5

Cada time de basquete tem 5 alunos.

ATIVIDADES

1 Observe os desenhos e faça o que se pede.

a)

- Quantos quadradinhos há ao todo? _____
- Quantos grupos de 2 quadradinhos? _____
- Que fração representa o grupo com verde? _____
- $\frac{1}{7}$ de 14 ▢ é igual a quantos ▢? _____

b)

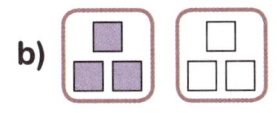

- Quantos quadradinhos há ao todo? _____
- Quantos grupos de 3 quadradinhos? _____
- Que fração representa o grupo com lilás? _____
- $\frac{1}{2}$ de 6 ▢ é igual a quantos ▢? _____

c)

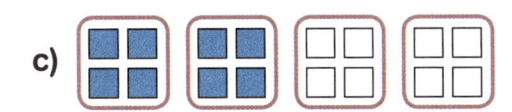

- Quantos quadradinhos há ao todo? _____
- Quantos grupos de 4 quadradinhos? _____
- Que fração representa o grupo com azul? _____
- $\frac{2}{4}$ de 16 ▢ é igual a quantos ▢? _____

d)

- Quantos quadradinhos há ao todo? _____
- Quantos grupos de 3 quadradinhos? _____
- Que fração representa o grupo com verde-claro? _____
- $\frac{3}{5}$ de 15 ☐ é igual a quantos ☐? _____

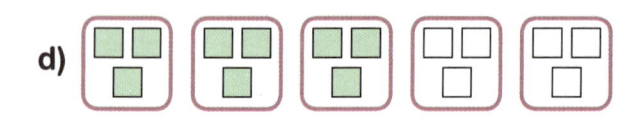

2 Para cada situação, faça desenhos e escreva os resultados.

a) Lucas tem 40 carrinhos separados em 4 grupos. Deu $\frac{1}{4}$ de seus carrinhos para seu irmão. Quantos carrinhos Lucas deu?

b) Um pipoqueiro fez 20 sacos de pipoca e já vendeu $\frac{3}{5}$. Quantos sacos de pipoca vendeu?

c) Fernando ganhou 24 livros. Já arrumou em sua estante $\frac{3}{4}$ dos livros. Quantos livros Fernando já arrumou?

3. Represente nos desenhos e calcule:

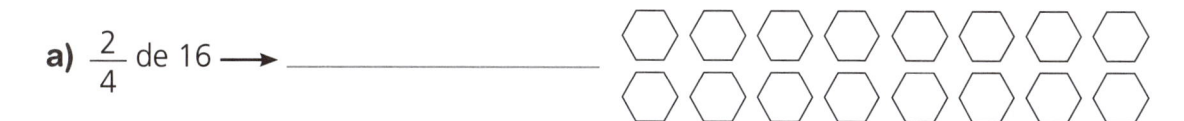

a) $\frac{2}{4}$ de 16 ⟶ _____

b) $\frac{1}{7}$ de 14 ⟶ _____

c) $\frac{1}{5}$ de 10 ⟶ _____

d) $\frac{2}{4}$ de 12 ⟶ _____

e) $\frac{3}{5}$ de 20 ⟶ _____

LIÇÃO 19 — OPERAÇÕES COM FRAÇÕES

Adição

Mamãe fez um bolo e cortou em 5 partes iguais. Deu $\frac{2}{5}$ do bolo para a vovó e $\frac{1}{5}$ para a titia. Ao todo, que fração do bolo mamãe deu?

Observe a representação.

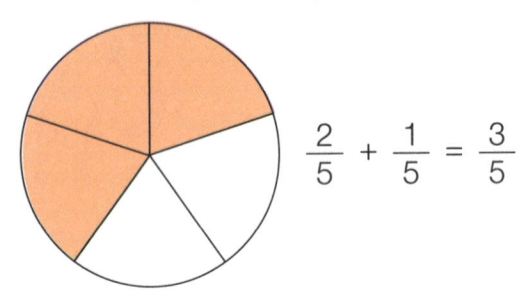

$$\frac{2}{5} + \frac{1}{5} = \frac{3}{5}$$

Mamãe deu $\frac{3}{5}$ do bolo.

> Para adicionar frações de **denominadores iguais**, basta adicionar os numeradores e manter o denominador comum.

Observe.

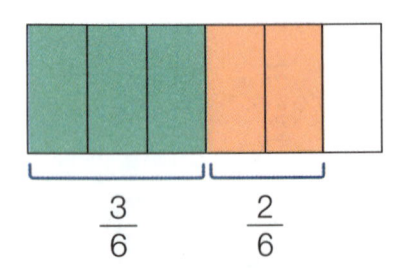

$$\frac{3}{6} + \frac{2}{6} = \frac{5}{6}$$

$$\frac{3}{4} + \frac{1}{4} = \frac{4}{4} \text{ ou 1 inteiro}$$

ATIVIDADES

1 Represente com frações as seguintes adições, que estão indicadas com figuras.

a) _____

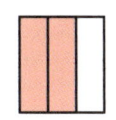

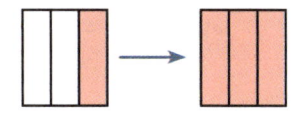

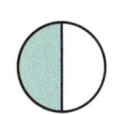

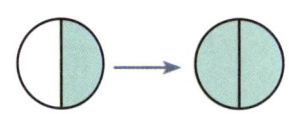

b) _____

c) _____

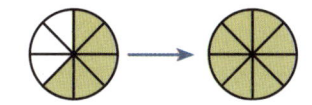

d) _____

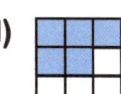

2 Observe os desenhos e as frações. Escreva o resultado das adições.

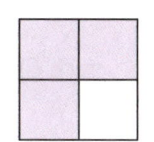

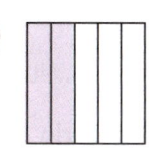

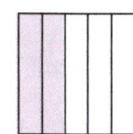

a) 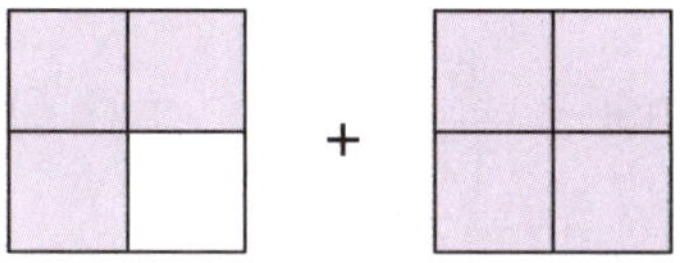 $\dfrac{3}{4} + \dfrac{4}{4} =$ _____

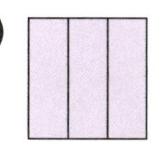

b) 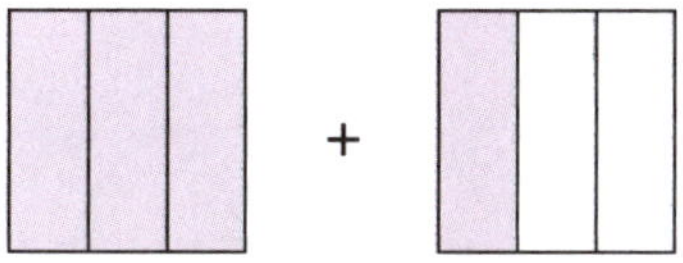 $\dfrac{3}{3} + \dfrac{1}{3} =$ _____

c) $\dfrac{2}{5} + \dfrac{2}{5} =$ _____

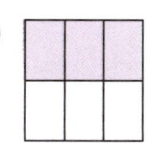

d) 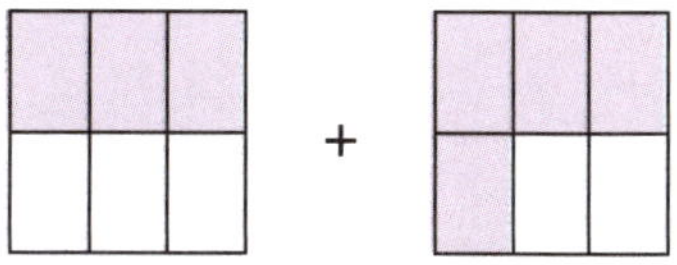 $\dfrac{3}{6} + \dfrac{4}{6} =$ _____

3 Complete com a fração que está faltando.

a) $\dfrac{2}{3} + \boxed{} = \dfrac{5}{3}$

b) $\boxed{} + \dfrac{5}{10} = \dfrac{7}{10}$

c) $\dfrac{3}{5} + \dfrac{2}{5} = \boxed{}$

d) $\dfrac{2}{7} + \dfrac{4}{7} = \boxed{}$

e) $\dfrac{3}{6} + \dfrac{1}{6} = \boxed{}$

f) $\dfrac{3}{4} + \dfrac{1}{4} = \boxed{}$

4 Efetue as adições.

a) $\dfrac{3}{6} + \dfrac{2}{6} =$ _____

b) $\dfrac{4}{9} + \dfrac{5}{9} =$ _____

c) $\dfrac{1}{5} + \dfrac{2}{5} =$ _____

d) $\dfrac{4}{10} + \dfrac{4}{10} =$ _____

e) $\dfrac{4}{7} + \dfrac{2}{7} =$ _____

f) $\dfrac{1}{3} + \dfrac{2}{3} =$ _____

g) $\dfrac{4}{8} + \dfrac{2}{8} =$ _____

h) $\dfrac{5}{15} + \dfrac{4}{15} + \dfrac{3}{15} =$ _____

PROBLEMAS

1 Um granjeiro vendeu $\dfrac{2}{12}$ de seus ovos para mamãe e $\dfrac{9}{12}$ para a vovó. Que fração representa a quantidade de ovos que o granjeiro vendeu?

Resposta: _____

2 Marcos comeu $\dfrac{2}{8}$ de um bolo. Sérgio comeu $\dfrac{3}{8}$ e Gustavo, $\dfrac{2}{8}$. Que fração do bolo comeram os três juntos?

Resposta: _____

Subtração

Acompanhe a situação.

De uma caixa com 12 ovos, 5 foram usados. Ou seja, $\frac{5}{12}$ foram usados.

Que fração dos ovos sobrou na caixa?

$$\frac{12}{12} - \frac{5}{12} = \frac{7}{12}$$

Resposta: Sobraram na caixa $\frac{7}{12}$ dos ovos.

> Para subtrair frações de **denominadores iguais**, subtraímos os numeradores e mantemos o denominador comum.

Exemplos:

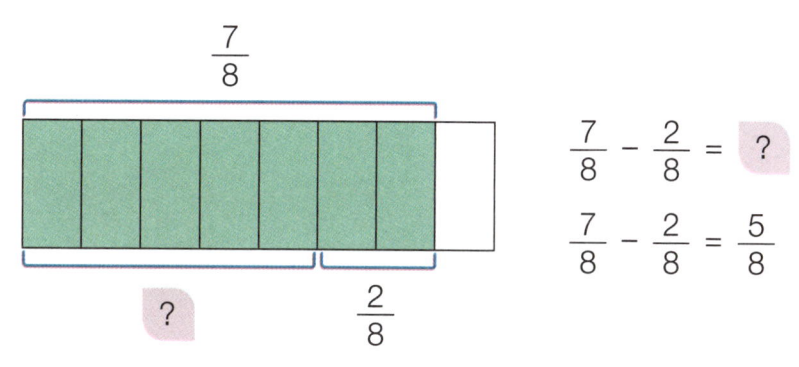

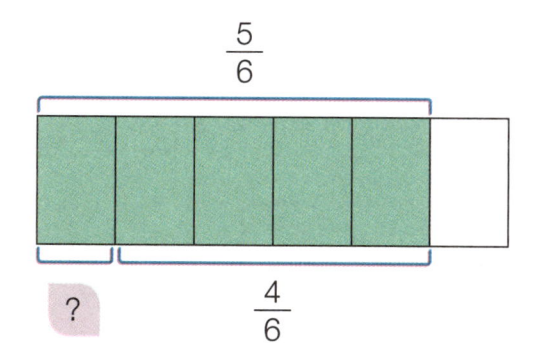

$\frac{7}{8}$
? $\frac{2}{8}$

$\frac{7}{8} - \frac{2}{8} = ?$

$\frac{7}{8} - \frac{2}{8} = \frac{5}{8}$

$\frac{5}{6}$
? $\frac{4}{6}$

$\frac{5}{6} - \frac{4}{6} = ?$

$\frac{5}{6} - \frac{4}{6} = \frac{1}{6}$

ATIVIDADES

1 Escreva uma subtração para cada figura representada. Observe o exemplo.

a) 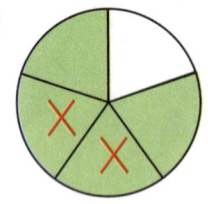 $\dfrac{4}{5} - \dfrac{2}{5} = \dfrac{2}{5}$

b) _____

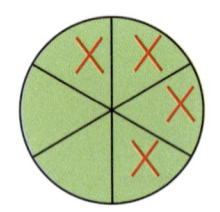

c) _____

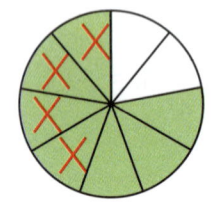

d) _____

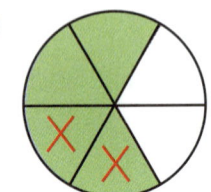

2 Escreva a fração que está faltando.

a) $\dfrac{7}{9} - \dfrac{2}{9} = \boxed{}$

b) $\dfrac{8}{10} - \dfrac{7}{10} = \boxed{}$

c) $\dfrac{6}{8} - \dfrac{4}{8} = \boxed{}$

d) $\dfrac{5}{7} - \dfrac{2}{7} = \boxed{}$

e) $\boxed{} - \dfrac{7}{13} = \dfrac{3}{13}$

f) $\dfrac{12}{20} - \dfrac{6}{20} = \boxed{}$

g) $\dfrac{8}{12} - \boxed{} = \dfrac{5}{12}$

h) $\boxed{} - \dfrac{5}{15} = \dfrac{4}{15}$

i) $\dfrac{8}{9} - \boxed{} = \dfrac{3}{9}$

j) $\boxed{} - \dfrac{2}{7} = \dfrac{2}{7}$

k) $\dfrac{3}{4} - \dfrac{1}{4} = \boxed{}$

l) $\boxed{} - \dfrac{2}{5} = \dfrac{1}{5}$

PROBLEMAS

1) Maurício bebeu $\frac{4}{8}$ de seu suco.

Que fração do suco falta beber?

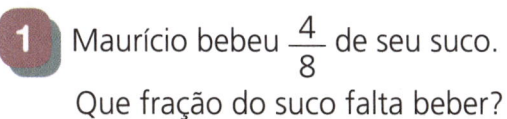

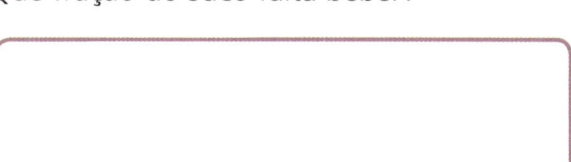

Resposta: _____

2) Mamãe gastou $\frac{4}{7}$ dos ovos.

Que parte restou dos ovos?

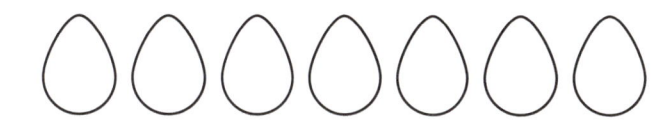

Resposta: _____

3) Eu tinha $\frac{8}{9}$ de um bolo. Dei $\frac{5}{9}$ para Luís.

Com quanto fiquei?

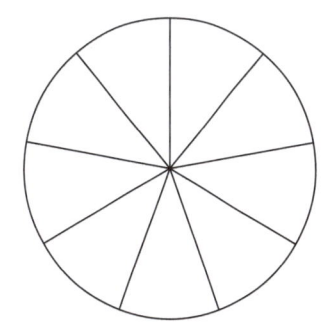

Resposta: _____

4) Luciana tinha $\frac{5}{6}$ de uma *pizza* e comeu $\frac{3}{6}$.

Que fração da *pizza* restou?

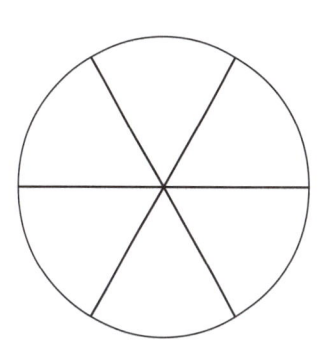

Resposta: _____

183

LIÇÃO 20 — PROBABILIDADE

É muito provável ou é pouco provável?

Observe a imagem.

- Você acha que é possível ou impossível um elefante equilibrar-se sobre uma bola? Explique.
- Você acha que a bola pode estourar? Por quê?
- Vamos imaginar que a bola seja muito resistente. O que você acha mais provável: a bola estourar ou a bola rolar?

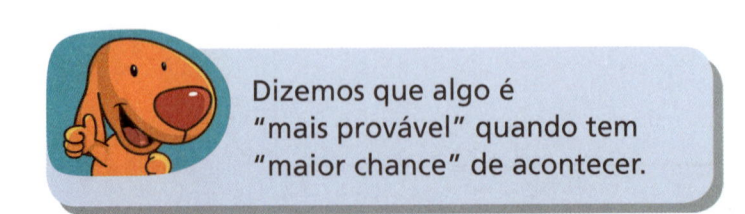

> Dizemos que algo é "mais provável" quando tem "maior chance" de acontecer.

ATIVIDADES

1 Leia a conversa de Mariana com Raquel.

> Que sol maravilhoso! Acho que não tem nenhuma chance de chover!

> Você está certa, Mariana! É impossível que chova.

a) Você concorda com o que as meninas estão falando? Justifique sua resposta.
   _____

b) Reescreva a frase dita por Mariana utilizando a expressão "pouco provável".
   _____

c) Agora, reescrita a frase de Mariana, ela se tornou verdadeira? _____

2 No estojo de lápis de cor de Manuela há 5 lápis da cor laranja, 5 lápis da cor rosa e 1 lápis da cor roxa.

a) Sem olhar a cor antes de retirar um lápis do estojo, qual é a cor menos provável de sair? _____

b) Ela já retirou o lápis roxo do estojo. Ficaram apenas os de cor laranja e os de cor rosa. Ela vai retirar de novo um lápis, sem ver a cor. Qual é a cor mais provável de ser retirada? _____

3 Lia vai jogar um dado de 6 faces.

a) Ela tem mais chances de tirar um número par ou um número ímpar?
   _____

b) Ao lançar um dado, há mais chances de sair um número menor que 2 ou maior que 2? _____

4 A professora colocou 20 bolas em uma caixa: 4 amarelas, 2 verdes, 8 azuis e 6 vermelhas.

> Qual é a cor mais provável de sair no sorteio de uma bola?

A professora vai tirar uma bola dessa caixa.

a) Assinale a cor correspondente a cada situação.

Ela tem mais chances de tirar uma bola da cor:

☐ azul   ☐ vermelha   ☐ verde   ☐ amarela

Ela tem menos chances de tirar uma bola da cor:

☐ azul   ☐ vermelha   ☐ verde   ☐ amarela

b) Se forem retiradas 6 bolas azuis dessa caixa e a professora tirar uma bola, haverá mais chances de tirar uma bola da cor:

☐ azul   ☐ vermelha   ☐ verde   ☐ amarela

5 Desenhe, no quadro abaixo, 3 quadrados, 2 triângulos e 4 círculos.

Complete:
Escolhendo uma figura do quadro acima ao acaso, há mais chances de escolher um _____.

21 GRÁFICOS

Gráficos

ENSINO REGULAR – EVOLUÇÃO DO NÚMERO DE MATRÍCULAS NO ENSINO FUNDAMENTAL BRASIL – 2017-2021

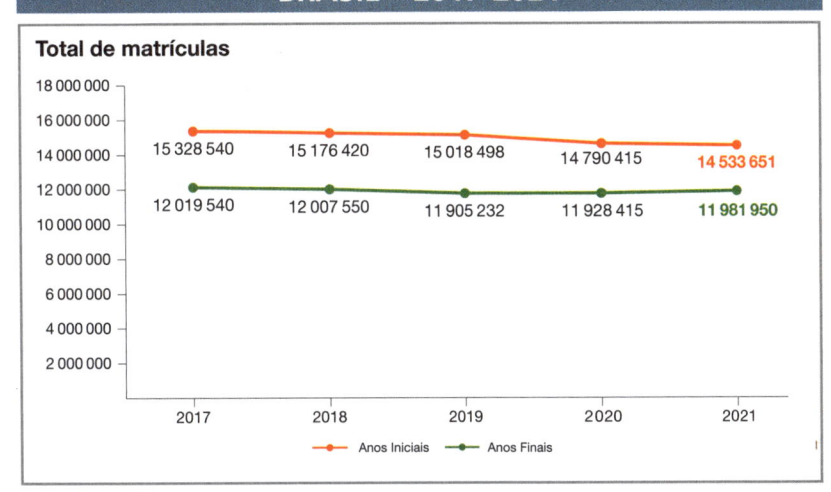

Total de matrículas

Anos Iniciais:
- 2017: 15 328 540
- 2018: 15 176 420
- 2019: 15 018 498
- 2020: 14 790 415
- 2021: 14 533 651

Anos Finais:
- 2017: 12 019 540
- 2018: 12 007 550
- 2019: 11 905 232
- 2020: 11 928 415
- 2021: 11 981 950

EVOLUÇÃO DO NÚMERO DE MATRÍCULAS NA EDUCAÇÃO BÁSICA BRASIL – 2017-2021

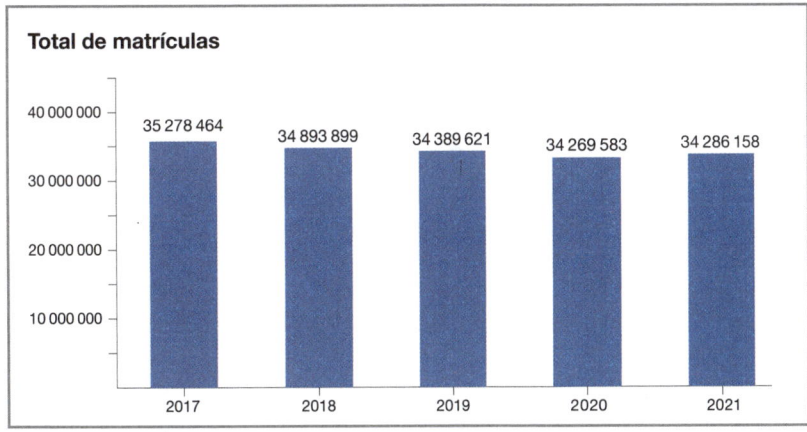

Total de matrículas
- 2017: 35 278 464
- 2018: 34 893 899
- 2019: 34 389 621
- 2020: 34 269 583
- 2021: 34 286 158

Fonte: Censo Escolar 2021.
Disponível em: https://download.inep.gov.br/censo_escolar/resultados/2021/apresentacao_coletiva.pdf.
Acesso em: 1º jul. 2022.

- Você já viu imagens como essas em algum lugar? Onde?

As imagens que você observou acima recebem o nome de **gráficos**.

Os gráficos são recursos visuais utilizados para transmitir informações sobre diferentes situações do dia a dia.

Eles podem ser apresentados de várias formas. Os mais utilizados em nossos meios de comunicação são os gráficos de barras e colunas, os gráficos de setores e os gráficos de linhas.

ATIVIDADES

1 As professoras do 4º ano A e do 4º ano B resolveram fazer uma pesquisa para saber a preferência das turmas sobre esportes praticados com bola. Após a pesquisa, elas organizaram um gráfico de colunas com os resultados coletados. Observe.

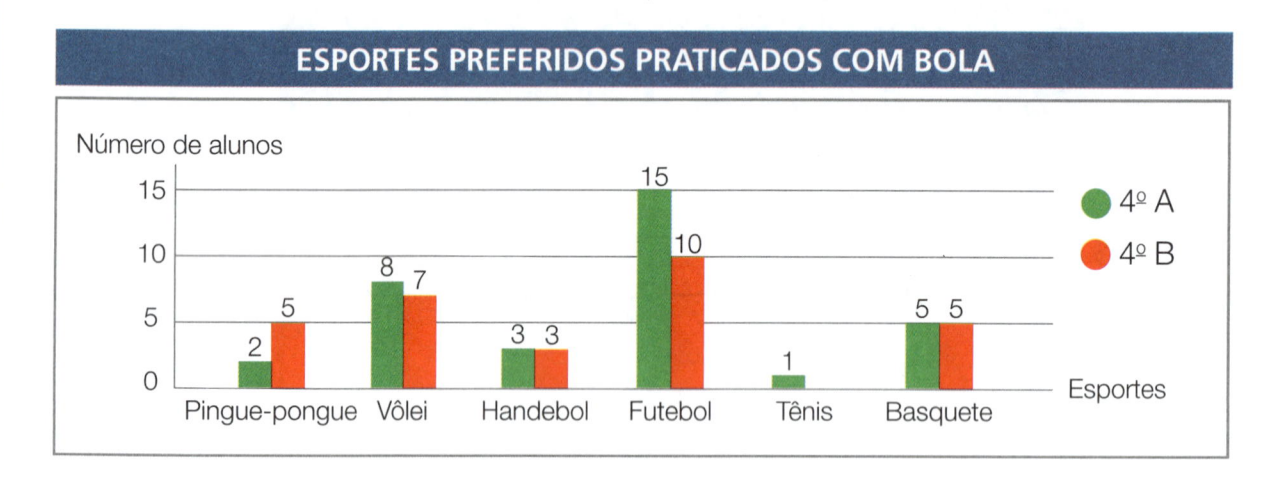

ESPORTES PREFERIDOS PRATICADOS COM BOLA

Número de alunos

Esporte	4º A	4º B
Pingue-pongue	2	5
Vôlei	8	7
Handebol	3	3
Futebol	15	10
Tênis	1	0
Basquete	5	5

Responda às questões sobre o gráfico.

a) Quantos alunos do 4º A participaram da pesquisa? E do 4º B?

_____

b) Qual foi o total de alunos que participaram dessa pesquisa? _____

c) Qual foi o esporte preferido do 4º B? _____

d) Qual foi o esporte menos escolhido pelo 4º A? _____

e) Em quais esportes as duas salas têm o mesmo número de preferências?

_____

f) Quantos alunos no total preferem vôlei?

_____

g) Qual esporte foi escolhido apenas por um aluno? De qual sala?

_____

h) Observe que no eixo do número de alunos há a seguinte escala numérica: 0 – 5 – 10 – 15. Na escala, os números estão escritos de quanto em quanto?

_____

i) Se a escala estivesse escrita com intervalos de 1 em 1, que outros números precisariam ser escritos? _____

j) E se resolvêssemos escrever de 3 em 3, que números deveriam aparecer?

_____

2 O gráfico a seguir é conhecido como **gráfico de barras**. Observe-o e responda às questões.

ALUNOS MATRICULADOS NO ENSINO FUNDAMENTAL EM 2010

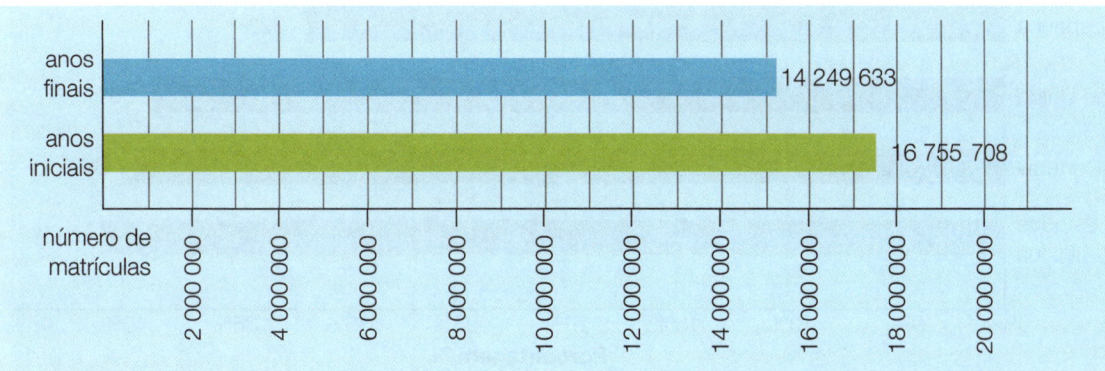

anos finais: 14 249 633
anos iniciais: 16 755 708

número de matrículas: 2 000 000 – 4 000 000 – 6 000 000 – 8 000 000 – 10 000 000 – 12 000 000 – 14 000 000 – 16 000 000 – 18 000 000 – 20 000 000

Fonte dos dados do gráfico: Inep. Disponível em: www.inep.gov.br/download/censo/2010/divulgacao_censo2010_201210.pdf. Acesso em: jan. 2011.

a) Que tipo de informação está representada no gráfico?

_____
_____

b) O que mostram o eixo vertical e o horizontal do gráfico?

_____
_____

c) O maior número de matrículas aconteceu em que nível de ensino?

_____

d) Qual é a diferença entre o número de matrículas nos anos iniciais e nos anos finais?

_____

3 O dia a dia de trabalho tem levado muitas pessoas a se alimentar fora de casa. Observe o resultado de uma pesquisa publicada por uma revista sobre o total das despesas das famílias com alimentação em alguns países.

QUEM GASTA MAIS FORA DE CASA?
% SOBRE O TOTAL DAS DESPESAS DAS FAMÍLIAS COM ALIMENTAÇÃO

País	%
Turquia	13%
Itália	14%
Alemanha	20%
França	22%
Brasil	31%
Espanha	32%
Reino Unido	38%
Portugal	39%
Estados Unidos	41%

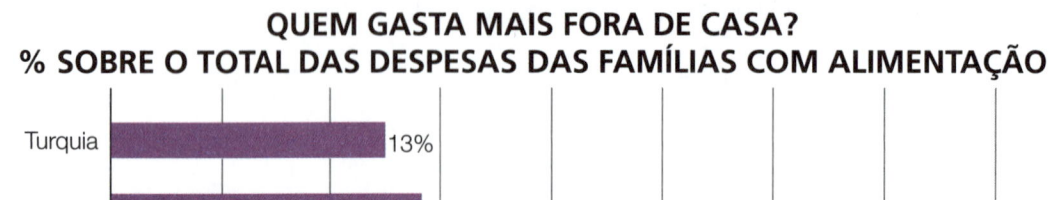

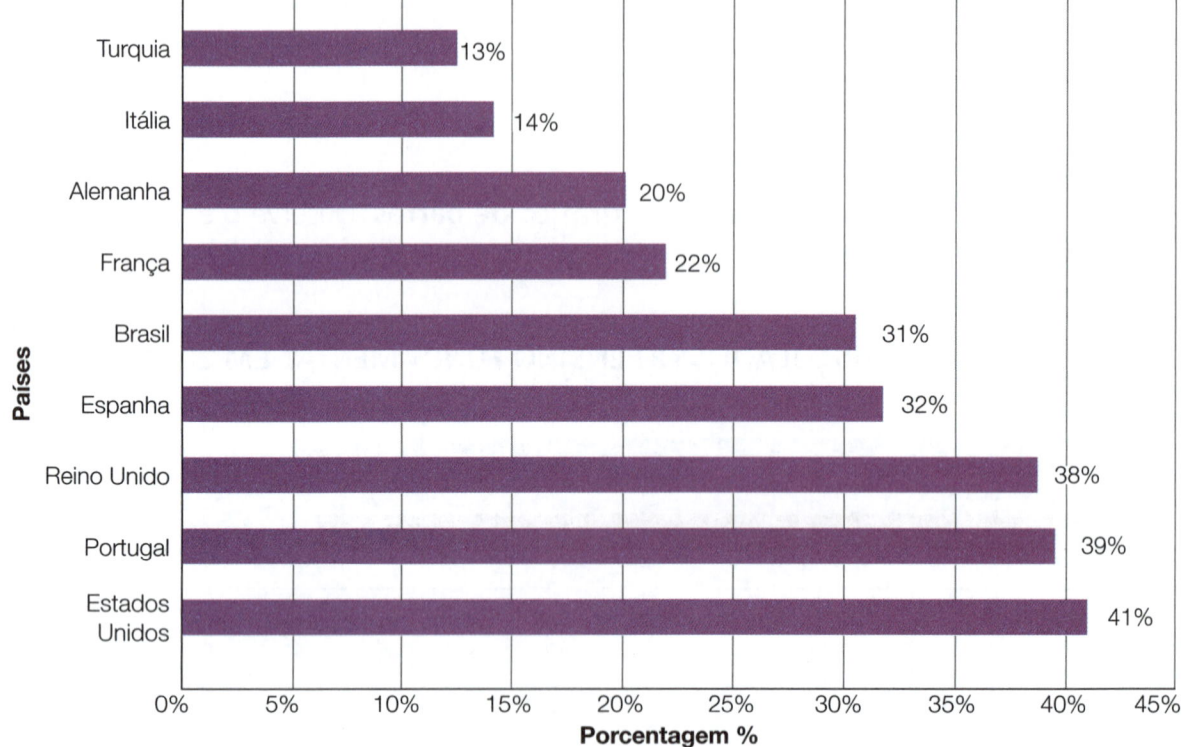

Disponível em: http://revistaepoca.globo.com/Revista/Epoca/0,,EMI192897-18049,00-DIAGRAMA+QUANDO+O+BRASILEIRO+COME+FORA.html. Acesso em: fev. 2011.

a) A família de qual país gastava mais com alimentação fora de casa em 2011?

b) Quanto as famílias brasileiras gastavam a menos com alimentação que as estadunidenses?

c) Em que país o gasto das famílias com alimentação era aproximadamente a metade dos gastos das famílias brasileiras?

Infográficos

Você já ouviu falar em infográfico?

Em um **infográfico** a apresentação de dados e informações é combinada com desenhos, fotos, gráficos e textos.

É um recurso muito utilizado em telejornais, revistas, *sites* de internet etc.

Observe o infográfico, leia o texto e responda às questões.

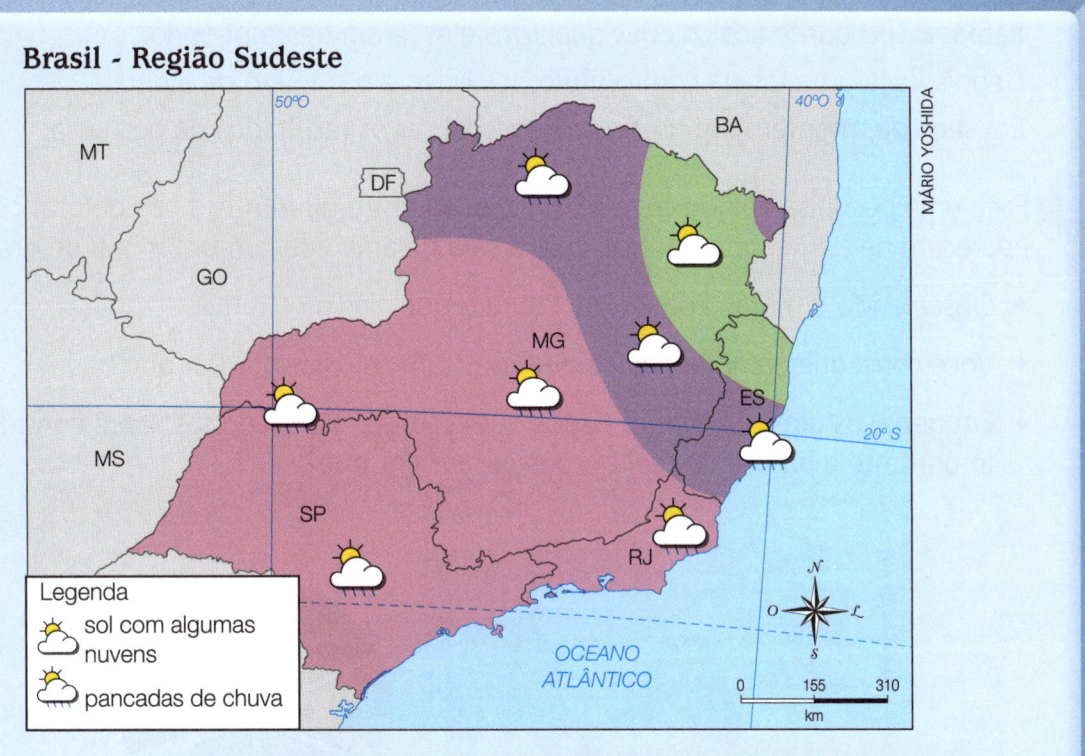

Brasil - Região Sudeste

Legenda
- sol com algumas nuvens
- pancadas de chuva

MÁRIO YOSHIDA

As áreas de instabilidade continuam a crescer sobre o Sudeste na segunda-feira. Dia com muitas nuvens e pancadas de chuva, com pequenos períodos com sol, em diversas regiões do Rio de Janeiro, São Paulo, Centro-Sul, Zona da Mata e o Triângulo Mineiro, incluindo a grande Belo Horizonte. No norte do Espírito Santo e no Vale do Jequitinhonha o tempo continua sem chuva e o dia fica seco. Nas demais regiões chove à tarde, mas o sol aparece na maior parte do dia.

a) O que mostra o infográfico acima? _____

b) Escreva o que sugere a área pintada com cada uma dessas cores.

🟪 _____

🟩 _____

🟣 _____

191

DESAFIO

1 Você já ouviu falar em **pesquisa de opinião**? Durante as eleições é comum ver e ouvir nos noticiários resultados de pesquisas sobre a intenção de votos, ou seja, em qual candidato as pessoas pretendem votar.

Que tal fazer uma pesquisa sobre o livro mais lido nas últimas duas semanas?

Para isso, pergunte aos colegas qual livro eles leram nesse período.

Depois, faça uma tabela com o título dos livros e o número de alunos.

Em seguida, montem um gráfico para visualizar os resultados da pesquisa.

2 Faça uma pesquisa em jornais e revistas, e encontre diferentes tipos de gráfico que aparecem neles. Recorte, leve-os para a sala de aula e façam um mural de gráficos.

- Observando o mural, conversem sobre o que eles mostram.

- Você consegue compreender o que mostram os gráficos? Por quê?

- Em geral, os gráficos trazem dados que resultam de pesquisas. Você considera importante a prática de realizar pesquisas? Por quê?

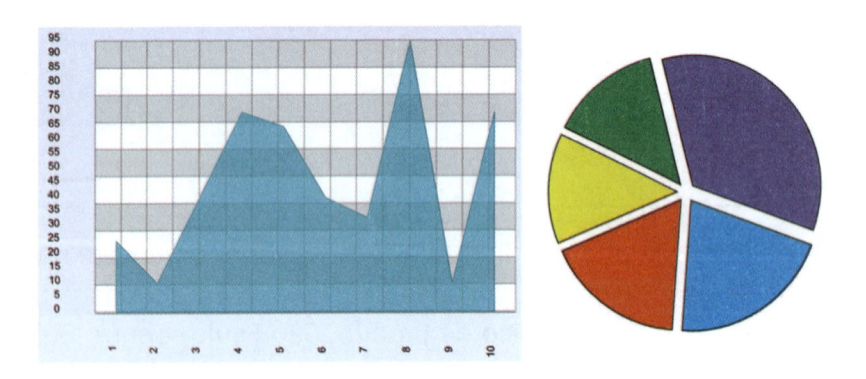

22 FRAÇÕES E NÚMEROS DECIMAIS

Observe os números que aparecem nestas manchetes.

> Em 2020, a inflação sentida pela população idosa acelerou de 1,93% no terceiro trimestre para 2,81% no quarto trimestre.

> Em julho de 2022, segundo dados da ANP (Agência Nacional do Petróleo), o preço médio da gasolina no país era R$ 6,49 e o do álcool, R$ 4,52.

- O que há em comum nos números observados nessas manchetes?
- Pense em outros números que são escritos dessa forma.
- Por que eles são escritos assim?
- Que nome recebem os números escritos com vírgula?

Representações decimais

Observe as representações.
Veja que fração do inteiro representa a parte colorida.

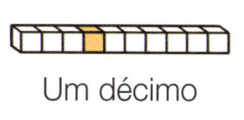

Um décimo ou $\frac{1}{10}$

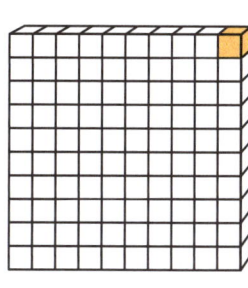

Um centésimo ou $\frac{1}{100}$

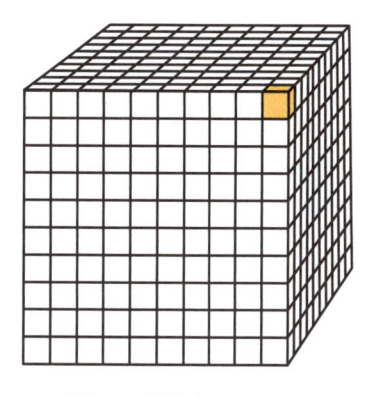

Um milésimo ou $\frac{1}{1\,000}$

Como você já estudou, as frações com denominadores 10, 100, 1 000 são chamadas de **frações decimais**. Observe como elas são representadas por **número decimal**.

Exemplos:

$\dfrac{1}{10} = 0,1$ um décimo

$\dfrac{3}{10} = 0,3$ três décimos

$\dfrac{1}{100} = 0,01$ um centésimo

$\dfrac{4}{100} = 0,04$ quatro centésimos

$\dfrac{1}{1\,000} = 0,001$ um milésimo

$\dfrac{7}{1\,000} = 0,007$ sete milésimos

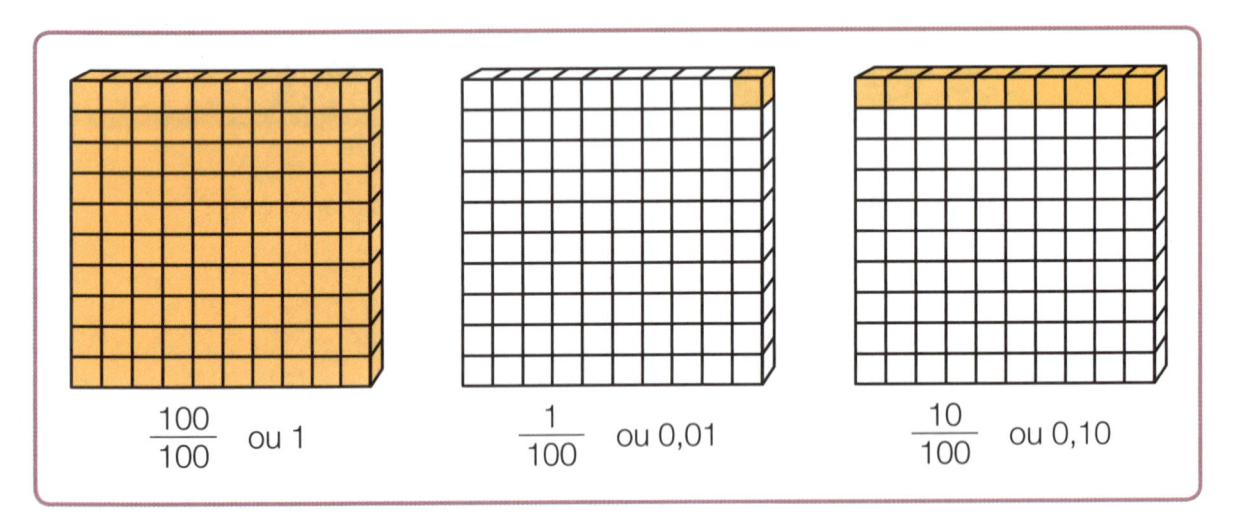

$\dfrac{100}{100}$ ou 1

$\dfrac{1}{100}$ ou 0,01

$\dfrac{10}{100}$ ou 0,10

Os números que você observou nas manchetes são exemplos de números decimais.

1,93   2,81   6,49   4,52

Veja como se representa o número 0,35 com o Material Dourado.

- 0,35

A parte pintada representa 35 centésimos da figura.

$\dfrac{35}{100}$ ou 0,35

194

Agora, vamos representar o número 2,46.
- 2,46

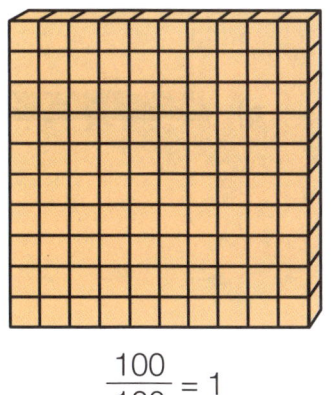

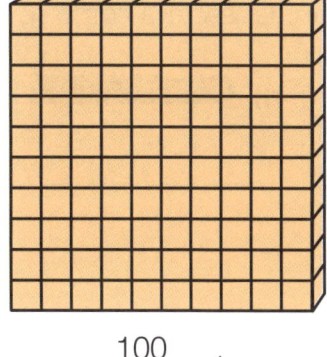

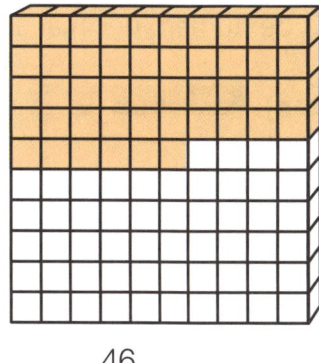

$\frac{100}{100} = 1$ $\frac{100}{100} = 1$ $\frac{46}{100} = 0,46$

1 + 1 + 0,46 = 2,46
2 inteiros e 46 centésimos

Observe outros exemplos:

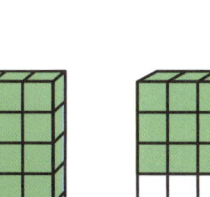

Observe que a vírgula separa a parte inteira da parte decimal.

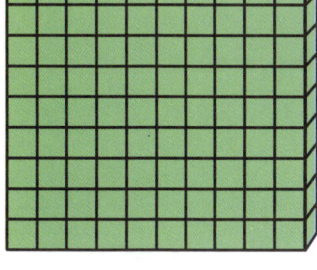

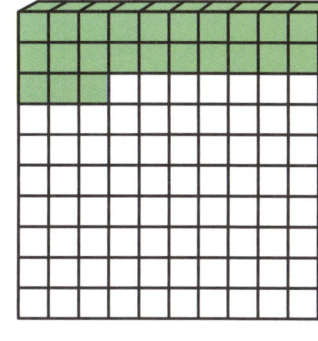

$\frac{100}{100} = 1$ $\frac{23}{100} = 0,23$

1 + 0,23 = 1,23
(1 inteiro e 23 centésimos)

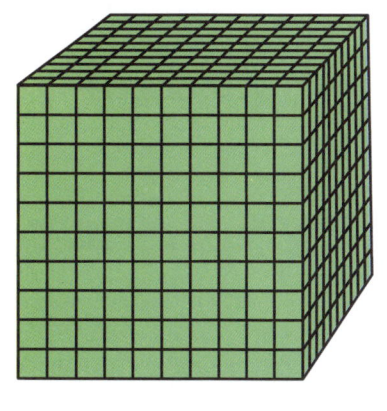

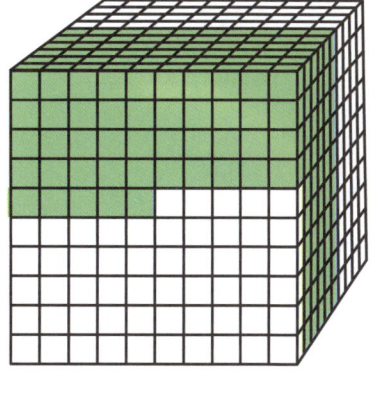

$\frac{1\,000}{1\,000} = 1$ $\frac{545}{1\,000} = 0,545$

1 + 0,545 = 1,545
(1 inteiro e 545 milésimos)

ATIVIDADES

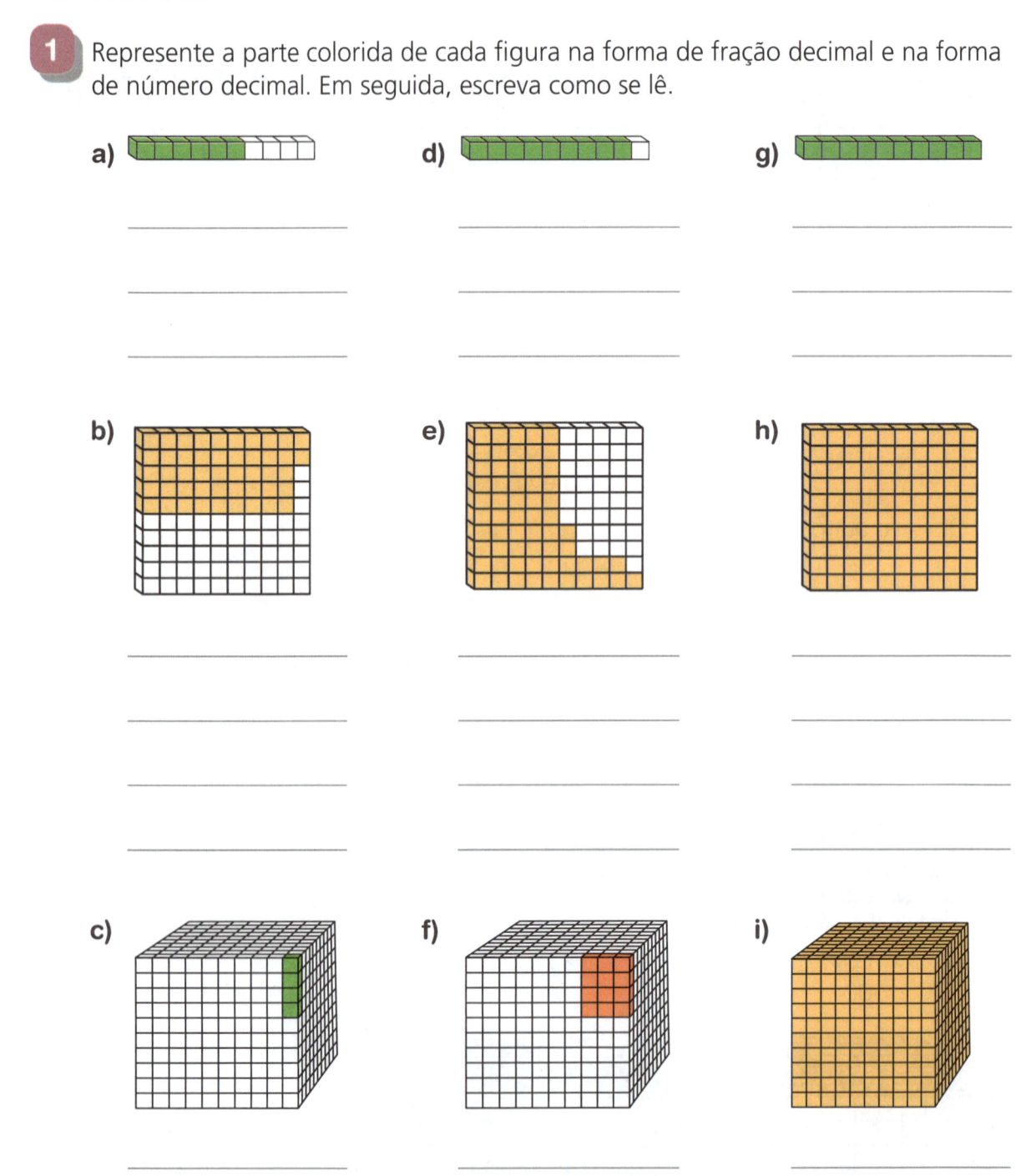

1 Represente a parte colorida de cada figura na forma de fração decimal e na forma de número decimal. Em seguida, escreva como se lê.

a)

_____
_____
_____

d)

_____
_____
_____

g)

_____
_____
_____

b)

_____
_____
_____
_____

e)

_____
_____
_____
_____

h)

_____
_____
_____
_____

c)

_____
_____
_____

f)

_____
_____
_____

i)

_____
_____
_____

2 Escreva a representação decimal das frações abaixo e como se lê.

a) $\dfrac{5}{100}$

b) $\dfrac{42}{10}$

c) $\dfrac{12}{10}$

d) $\dfrac{53}{100}$

e) $\dfrac{12}{100}$

f) $\dfrac{9}{1\,000}$

Porcentagem

Utilizamos a porcentagem em diversas situações cotidianas. Observe alguns exemplos.

Uma artesã organiza seus materiais em uma caixa com 100 espaços. Ela já preencheu 60% da caixa.

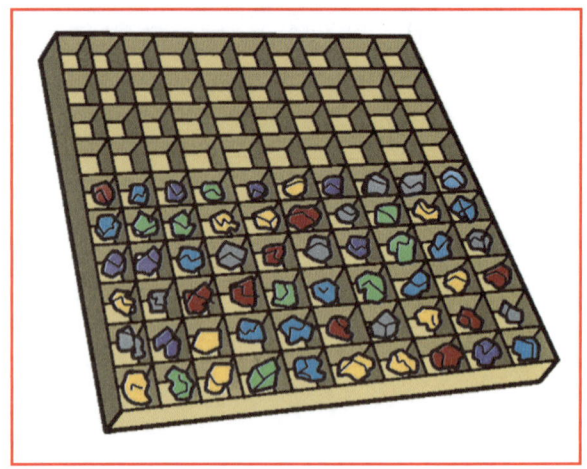

50% dos alunos utilizam o ônibus para ir à escola.

Os números apresentados nas situações estão acompanhados do símbolo %; lê-se **por cento**.

Veja como lemos alguns números que estão acompanhados desse símbolo:

10% - dez por cento
15% - quinze por cento
50% - cinquenta por cento

Por cento significa uma determinada quantidade em cada cem.

Vamos observar como podemos representar em porcentagem as diferentes quantidades de quadrados pintados:

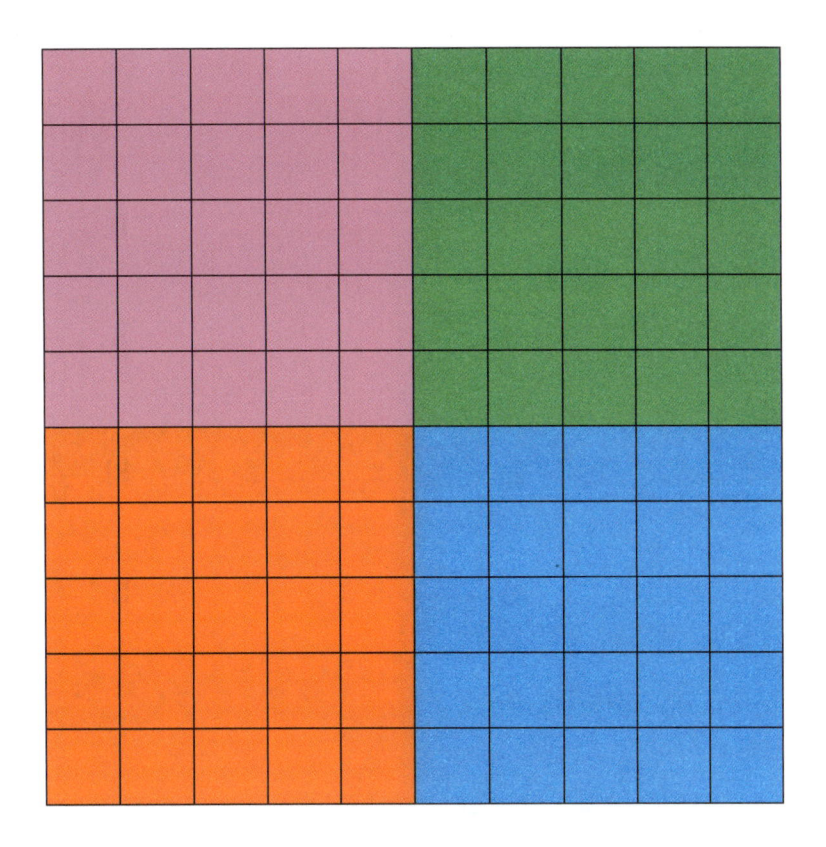

Há 100 quadrados no total.

- Se 25 quadrados estão pintados de rosa, podemos dizer que os quadrados rosa representam 25% do total de quadrados.

- Quantos quadrados foram pintados de verde? _____

- Se somarmos os quadrados rosa e verdes, quantos teremos? _____

- Como podemos representar essa quantidade em porcentagem? _____

- E se somarmos os quadrados rosa, verdes e laranja, quantos quadrados teremos? _____

- Como podemos representar essa quantidade em porcentagem? _____

O total de quadrados corresponde a 100%.

ATIVIDADES

1 Represente as frações decimais sob a forma de porcentagem.

$$\frac{15}{100} = 15\%$$

a) $\frac{6}{100}$ _____

b) $\frac{60}{100}$ _____

c) $\frac{9}{100}$ _____

d) $\frac{2}{100}$ _____

e) $\frac{22}{100}$ _____

f) $\frac{35}{100}$ _____

g) $\frac{50}{100}$ _____

h) $\frac{12}{100}$ _____

i) $\frac{5}{100}$ _____

j) $\frac{4}{100}$ _____

k) $\frac{49}{100}$ _____

l) $\frac{75}{100}$ _____

2 Escreva na forma de fração decimal.

$$15\% = \frac{15}{100}$$

a) 8% _____

b) 55% _____

c) 18% _____

d) 31% _____

e) 70% _____

f) 40% _____

g) 44% _____

h) 5% _____

i) 10% _____

INFORMAÇÃO E ESTATÍSTICA

Gráfico de setores

Você sabe o que é um gráfico de setores?

Esse gráfico é conhecido popularmente como gráfico de *pizza*. Porém, o nome correto é gráfico de setores. Ele tem forma circular e fornece dados percentuais.

O gráfico a seguir mostra o destino dado ao lixo na Grande São Paulo em 2011. Observe que a soma das partes totaliza 100%.

DESTINO DADO AO LIXO NA GRANDE SÃO PAULO

- aterros sanitários: 59%
- lixões: 18%
- usinas de decomposição, incineradores, reciclagem e outros: 23%

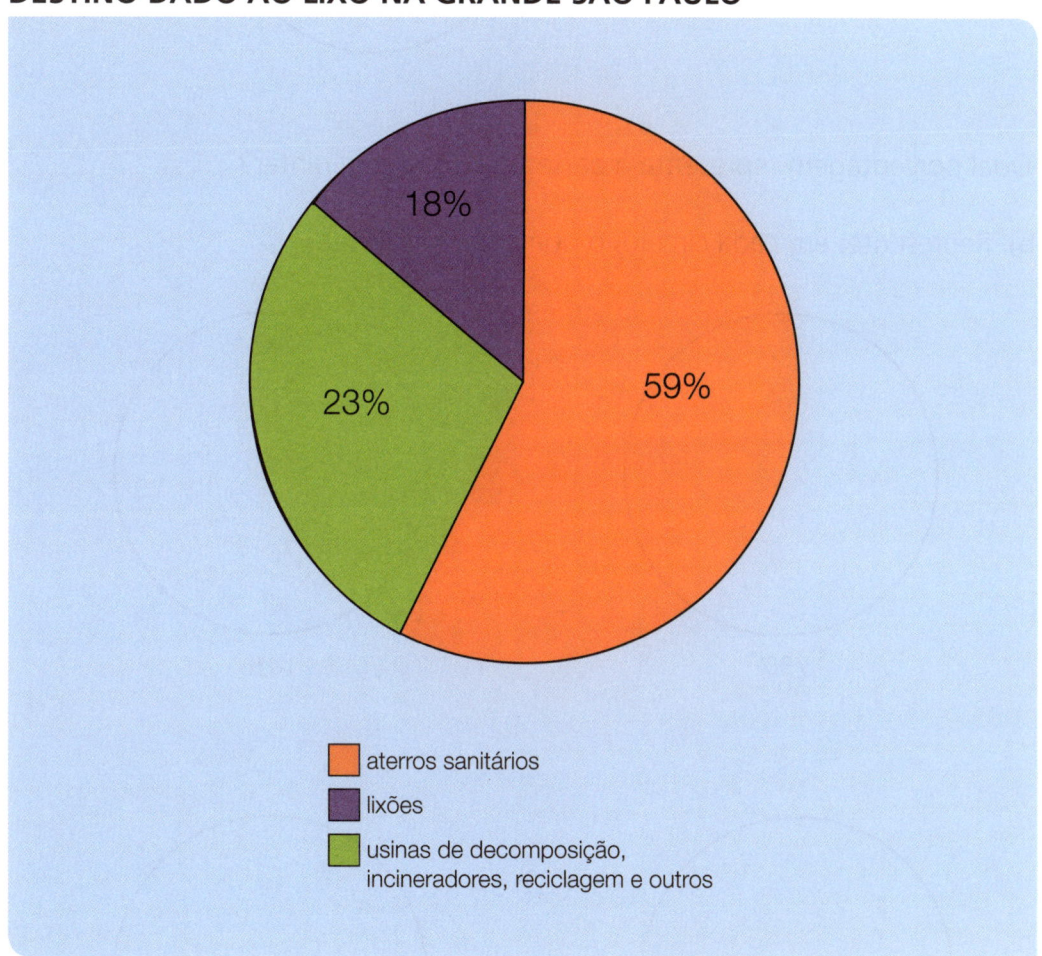

Disponível em: http://ambientes.ambientebrasil.com.br/residuos/coleta_e_disposicao_do_lixo/ coleta_e_disposicao_do_lixo.html. Acesso em: jan. 2011.

Observe o gráfico de setores e responda.

- Qual porcentagem do lixo produzido era destinada aos aterros sanitários? _____

- 18% do lixo produzido na Grande São Paulo tinha qual destino? _____

- Como se lê a porcentagem de lixo destinado a usinas de decomposição, incineradores, reciclagem e outros? _____

a) Represente, no círculo, as porcentagens indicadas e pinte conforme a legenda.

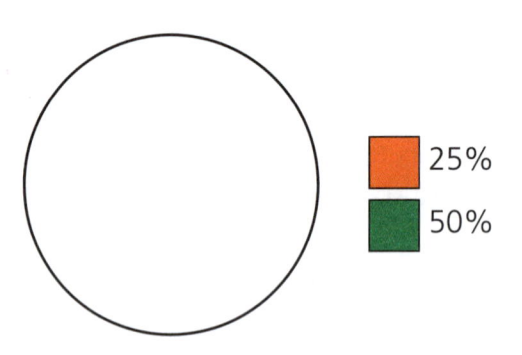

■ 25%
■ 50%

Qual porcentagem representa a parte que ficou sem pintar? _____

b) Represente, em cada círculo, o porcentual indicado.

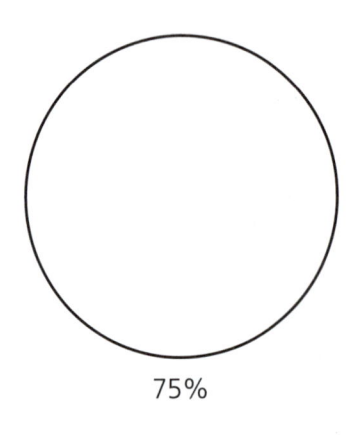

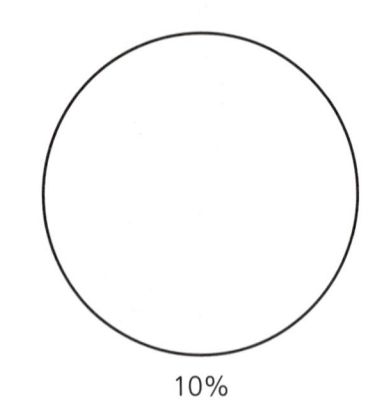

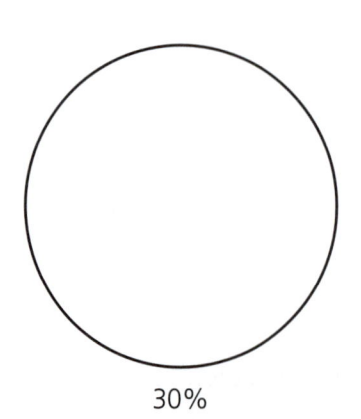

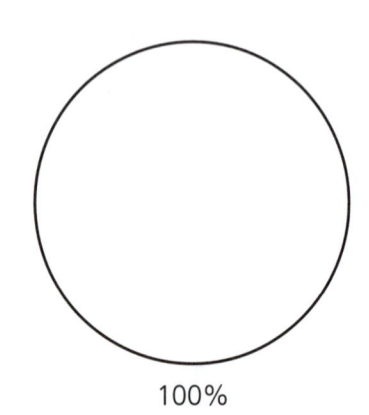

75%

10%

30%

100%

EU GOSTO DE APRENDER MAIS

1 Leia os dois problemas a seguir.

Problema 1: Em um depósito cabem 4 500 caixas. Uma **empilhadeira** colocou 1 620 caixas pela manhã e 1 840 à tarde. Quantas caixas faltam para completar a capacidade do depósito?

empilhadeira

Problema 2: Em um depósito, cada palete suporta até 12 caixas de uma mesma mercadoria. Já estão completos 36 **paletes**, sendo que a maior pilha de caixas tem 2 metros de altura. Quantas caixas, no máximo, já estão nesse depósito?

palete

a) Fazendo apenas a leitura, qual deles necessita de duas operações para ser resolvido? _____

b) Algum desses problemas tem dados que não serão utilizados na resolução?

Explique. _____

c) Quais são as operações envolvidas em cada um desses dois problemas?

_____

d) Resolva no caderno os dois problemas.

2 Elabore um problema em que, para ser resolvido, seja necessário utilizar duas ou mais operações.

_____
_____
_____

Troque de problema com um colega para que ele resolva o seu.

203

LIÇÃO 23

OPERAÇÕES COM NÚMEROS DECIMAIS

Acompanhe as situações-problema.
- A mãe de Ana fez um bolo de chocolate e o dividiu em 10 pedaços.
- Ana comeu 3 pedaços do bolo, e seu irmão, André, comeu 4 pedaços.
- Que fração do bolo eles comeram?

Ana comeu → $\frac{3}{10}$ do bolo ou 0,3.

André comeu → $\frac{4}{10}$ do bolo ou 0,4.

Juntos, comeram $\frac{3}{10} + \frac{4}{10} = \frac{7}{10}$ ou 0,3 + 0,4 = 0,7.

- Que parte do bolo sobrou?

Sobrou → $\frac{10}{10} - \frac{7}{10} = \frac{3}{10}$ = 0,3 do bolo.

A fração do bolo que sobrou foi $\frac{3}{10}$ ou 0,3.

> Para adicionar ou subtrair números decimais, colocamos um número embaixo do outro, com vírgula sob vírgula e, se houver casas vazias, completamos com zeros. Por último, efetuamos normalmente a operação.

ATIVIDADES

1 Carla ganhou uma caixa com 10 bombons. Deu 0,2 dos bombons para Cris; 0,1 dos bombons para sua mãe e 0,3 para seu irmão. Escreva os cálculos que indicam como você pensou para responder a cada pergunta.

a) Que fração decimal representa a parte que Carla deu para Cris e sua mãe?

___

b) Que fração decimal representa a parte que Carla deu para Cris e seu irmão?

___

c) Que fração decimal representa a parte que ela deu para Cris, sua mãe e seu irmão?

___

2 Observe e faça como no exemplo.

> 4 décimos + 5 décimos = 9 décimos
>
> 0,4
> + 0,5
> ─────
> 0,9

a) 23 décimos + 18 décimos = ___

b) 16 décimos + 6 décimos = ___

c) 34 décimos + 12 décimos + 3 décimos = ___

d) 68 centésimos + 10 milésimos = ___

3 Resolva as adições.

a) 0,6 + 0,7 + 2,4

b) 1,7 + 2,1 + 5,0

c) 2 + 0,18 + 1,32

d) 0,46 + 0,11

4 Resolva as subtrações.

a) 0,7 − 0,5

b) 3,4 − 1,7

c) 7,3 − 2,8

d) 4,26 − 2,68

e) 9,71 − 3,49

f) 0,85 − 0,36

g) 2,600 − 1,542

h) 9,703 − 0,468

i) 3,400 − 2,150

5 Efetue as adições e subtrações com números decimais.

a) 0,5 + 0,3 = _____

b) 0,52 + 0,13 = _____

c) 0,6 + 0,1 = _____

d) 0,9 – 0,3 = _____

e) 0,99 – 0,84 = _____

f) 0,683 – 0,211 = _____

6 Complete a tabela.

3,96	–	2,05	=	
7,09	+	6,95	=	
	–	92,63	=	2,69
50,01	–		=	49,79
41,36	+	11,11	=	
	+	6,64	=	11,09

PROBLEMAS

1 Samanta gastou 0,25 de um tablete de manteiga em um dia e 0,53 no outro. Quanto Samanta gastou do tablete de manteiga nos dois dias?

Resposta: _____

207

2 Mariana fez um bolo. Deu 0,46 do bolo para a mamãe e 0,28 para a vovó. Quanto restou do bolo?

Resposta: _____

3 Comprei 15 laranjas. Dei 7 e usei 4,5 para fazer suco. Quantas laranjas restaram?

Resposta: _____

4 Adriana fez uma torta de banana. Seus filhos comeram 0,25 após o almoço; à tarde, comeram mais 0,4 e, após o jantar, comeram 0,15. Que porção da torta eles comeram? Que parte da torta restou?

Resposta: _____

EU GOSTO DE APRENDER MAIS

Atenção!
O **metro** é dividido em 100 partes. Cada uma dessas partes é chamada de **centímetro**.
Cada centímetro é igual a 1 centésimo do metro.

1 cm = 0,01 m

O nosso dinheiro, o **real**, também é dividido em 100 partes chamadas de **centavos**.
Cada centésimo de um real é igual a 1 centavo.

1 real = 100 centavos

• Com base na estatura de cada pessoa, responda às perguntas.

- João mede 0,55 m.
- Pedro mede 1,65 m.
- Laura mede 1,18 m.
- Camila mede 1,62 m.
- Danilo mede 1,17 m.

a) Quem é o mais alto? _____

b) Qual a diferença de estatura entre Pedro e Laura? _____

c) Quantos centímetros Camila é mais alta do que Danilo? _____

d) Quantos centímetros Camila é mais baixa do que Pedro? _____

e) 1,10 m é a diferença de estatura entre _____ e _____.

• Mariana ganhou vinte e três reais de sua madrinha e trinta reais do padrinho. Com o dinheiro que ganhou, comprou um quebra-cabeça por quinze reais e sessenta centavos. No caixa, deu uma nota de vinte reais. O troco, ela guardou no cofre.

• Com base nas informações, faça o que se pede.

a) Escreva, no caderno, em forma decimal as quantias que aparecem no texto.

b) Que quantia ela ganhou ao todo? _____

c) Quanto Mariana ainda tem do dinheiro que ganhou? _____

d) Quanto ela guardou no cofre? _____

LIÇÃO 24
DINHEIRO NO DIA A DIA

No final de cada mês, Anderson recebe o salário resultante de seu trabalho. Com o dinheiro recebido, ele paga as contas e faz as compras necessárias para a casa.

Anderson valoriza o salário, então sempre analisa os preços dos produtos para fazer as melhores escolhas.

- Você sabe o que é salário? Discuta com os colegas sobre como recebemos um salário.
- Quais são os critérios que podem ser utilizados para fazer melhores escolhas no momento de comprar produtos?

Nos dias de hoje utilizamos o dinheiro na hora de comprar ou vender produtos e serviços. Mas será que sempre foi assim?

Um pouco de história

Antes de o dinheiro surgir, as pessoas utilizavam um sistema de troca de mercadorias chamado de **escambo**.

Era comum trocar…

- feijão por galinha; 
- uma canoa por um cavalo;
- um cavalo por um boi.

À medida que as dificuldades com esse sistema surgiam, foram inventadas as moedas e as cédulas.

- Como seria nossa vida sem o dinheiro?
- Será que há povos que ainda realizam trocas?
- Você costuma fazer trocas? Se sim, o que você costuma trocar?

Converse com os colegas e o professor sobre o que você acabou de ler.

Cédulas e moedas

O conjunto de cédulas e moedas utilizadas por um país forma o seu sistema monetário. Esse sistema é regulado por meio de legislação própria e é organizado a partir de um valor que lhe serve de base e que é sua unidade monetária. No Brasil, a unidade monetária é o **real**.

R$ 1,00   R$ 0,50    R$ 0,25   R$ 0,10    R$ 0,05   R$ 0,01

R$ 200,00

R$ 100,00

R$ 50,00

R$ 20,00

R$ 10,00

R$ 5,00

R$ 2,00

CÉDULAS E MOEDAS NÃO GUARDAM PROPORÇÃO ENTRE SI.

CASA DA MOEDA DO BRASIL

O real é representado por moedas e cédulas.

O símbolo do real é **R$**.

O real é dividido em cem partes. Cada uma dessas partes recebe o nome de **centavo**.

ATIVIDADES

1 Observe a quantia de dinheiro que Ana e Pedro possuem.

Quem tem mais dinheiro, Ana ou Pedro? Por quê?

_____

_____

2 Observe as representações em cada quadro e escreva a quantidade de dinheiro que há em cada um. Em seguida, escreva que outras cédulas ou moedas você poderia usar para substituir as que aparecem nos quadros.

a)

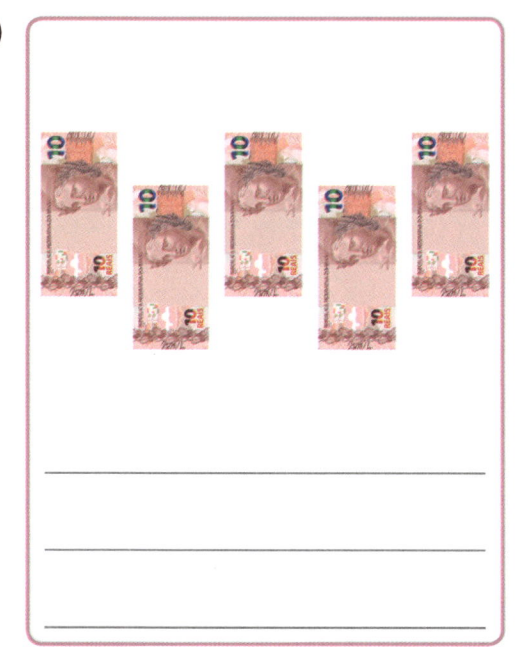

_____

_____

b)

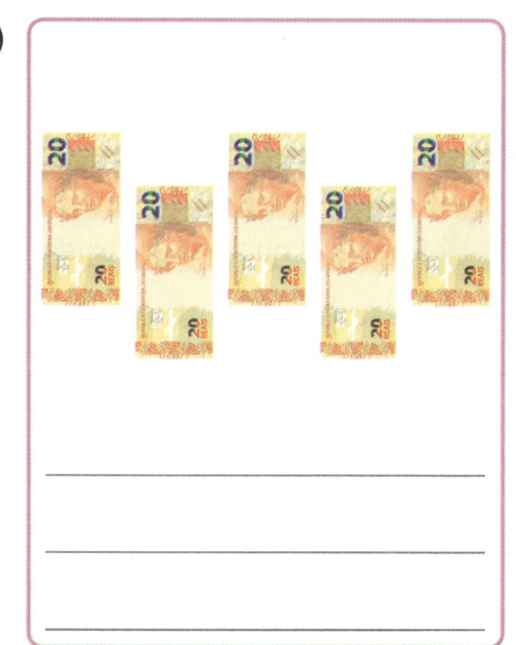

_____

_____

c)

f)

d)

g)

e)

h)

3 Escreva as quantias por extenso.

a) R$ 75,00 _____

b) R$ 50,00 _____

c) R$ 82,00 _____

d) R$ 285,00 _____

e) R$ 46,80 _____

f) R$ 315,00 _____

4 Escreva as quantias como no exemplo.

> cento e quarenta reais – R$ 140,00

a) quinze reais _____

b) noventa reais _____

c) quarenta e oito reais _____

d) oitenta e três reais e dez centavos _____

e) duzentos e setenta e dois reais _____

5 Qual é a quantia total?

a)

b)

c)

6 Observe os preços.

A	B	C
R$ 39,90	R$ 49,90	R$ 25,50
D	E	F
R$ 28,60	R$ 39,90	R$ 59,90

a) A soma de quais produtos é a maior?

A + C ou B + C? _____

Quanto a mais? _____

E + G ou E + F? _____

Quanto a mais? _____

b) Quanto custam?

A + B? _____

B + D? _____

C + E? _____

C + D? _____

c) Qual é o mais barato?

A ou B? _____

Quanto a menos? _____

E ou F? _____

Quanto a menos? _____

d) Juntando duas peças, qual o valor mais alto? Represente com as letras e o valor.

_____ + _____

R$ _____

7 Dois alunos do 4º ano resolveram abrir seus cofrinhos. Observe o que cada um conseguiu juntar.

Gustavo
- 6 moedas de 1 real
- 5 moedas de 50 centavos
- 8 moedas de 25 centavos
- 15 moedas de 10 centavos
- 21 moedas de 5 centavos

Graziela
- 8 moedas de 1 real
- 3 moedas de 50 centavos
- 10 moedas de 25 centavos
- 21 moedas de 10 centavos
- 30 moedas de 5 centavos

Agora, responda.

a) Observando a lista das moedas, sem contá-las, você saberia dizer aproximadamente quanto cada criança tem? _____

b) Quanto dinheiro cada uma das crianças possui? _____
_____

c) Quem tem mais dinheiro? _____

d) Quem tem menos dinheiro? _____

e) Quanto dinheiro um tem a mais que o outro? _____

f) Gustavo quer comprar uma almofada que custa R$ 18,00. Ele tem dinheiro suficiente para comprar a almofada? _____

g) Quanto dinheiro falta, aproximadamente, para Gustavo comprar a almofada?
_____

INFORMAÇÃO E ESTATÍSTICA

Os alunos decidiram organizar uma festa no final do ano para arrecadar dinheiro para comprar livros e construir uma biblioteca na escola. Cada sala ficou responsável pela venda de um tipo de alimento.

Veja a organização na tabela.

Sala	Alimento vendido
1º ano	Bolos
2º ano	Cachorros-quentes
3º ano	Pastéis
4º ano	Lanches naturais
5º ano	Doces diversos

Ao final da festa, os alunos organizaram em um gráfico o valor arrecadado em cada sala:

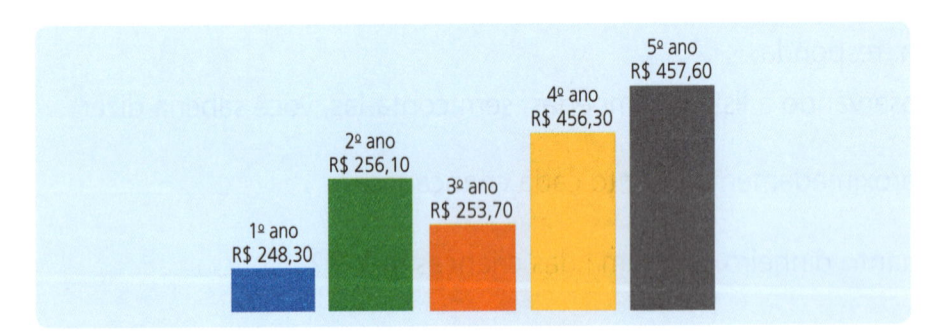

- 1º ano R$ 248,30
- 2º ano R$ 256,10
- 3º ano R$ 253,70
- 4º ano R$ 456,30
- 5º ano R$ 457,60

Analise o gráfico e responda.

1 Qual foi o total arrecadado para a construção da biblioteca?

_____

2 Se os alunos conseguissem comprar livros por R$ 22,00 cada um, quantos livros conseguiriam comprar para colocar na biblioteca?

_____

3 Quantos reais os alunos precisariam arrecadar a mais se quisessem comprar 80 livros pelo mesmo custo de R$ 22,00?

_____

Lucro e prejuízo

Quando compramos uma mercadoria, pagamos um preço por ela. Se a vendemos por um preço maior, obtemos **lucro**. Se a vendemos por um preço menor, temos **prejuízo**.

Resolva e complete conforme o exemplo.

Comprei uma mercadoria por R$ 156,00. Revendi por R$ 150,00.

Houve lucro? De quanto? _____

Houve prejuízo? De quanto? _____

a) Comprei uma mercadoria por R$ 1 280,00. Revendi por R$ 1 540,00.

Houve lucro? De quanto? _____

Houve prejuízo? De quanto? _____

b) Comprei uma mercadoria por R$ 165,50. Revendi por R$ 114,50.

Houve lucro? De quanto? _____

Houve prejuízo? De quanto? _____

c) Comprei uma mercadoria por R$ 897,00. Revendi por R$ 1 045,00.

Houve lucro? De quanto? _____

Houve prejuízo? De quanto? _____

PROBLEMAS

1 Anita tinha R$ 500,00. Ganhou R$ 280,00 de seu pai. Quanto dinheiro Anita tem agora?

Resposta: _____

2 Júlia quer comprar uma bicicleta que custa R$ 700,00, mas só tem R$ 670,00. Quanto ainda lhe falta para poder comprar a bicicleta?

Resposta: _____

3 Ana Lúcia gastou R$ 45,00 na compra de um sapato e R$ 50,00 na compra de uma bolsa. Comprou um vestido que custou R$ 25,00 a mais do que a bolsa. Quanto gastou Ana Lúcia?

Resposta: _____

4 Mamãe comprou uma mercadoria em 2 prestações iguais de R$ 50,00. O seu preço à vista era R$ 90,00. Mamãe teve lucro ou prejuízo? De quanto?

Resposta: _____

EU GOSTO DE APRENDER MAIS

1 Leia o seguinte problema.

> Gabriel comprou uma moto por R$ 17 590,00. Ele deu uma entrada de R$ 3 150,00. Quanto ainda falta para ele terminar de pagar a moto?

Veja como cada aluno resolveu.

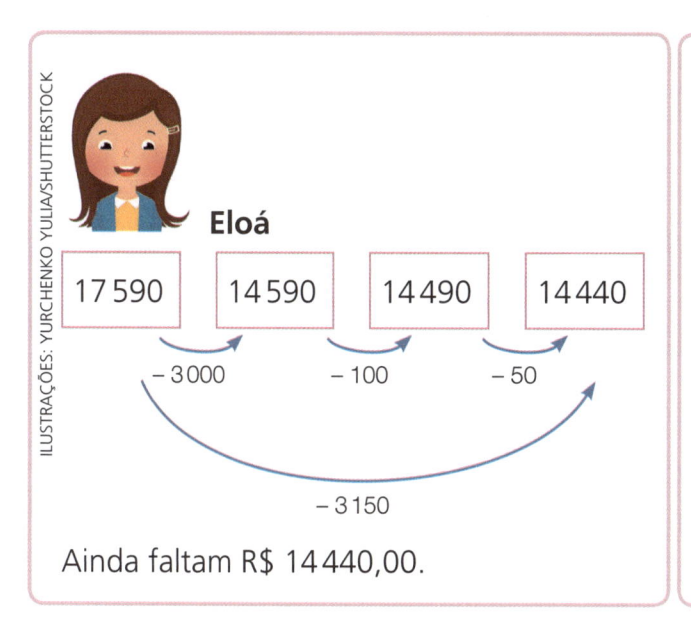

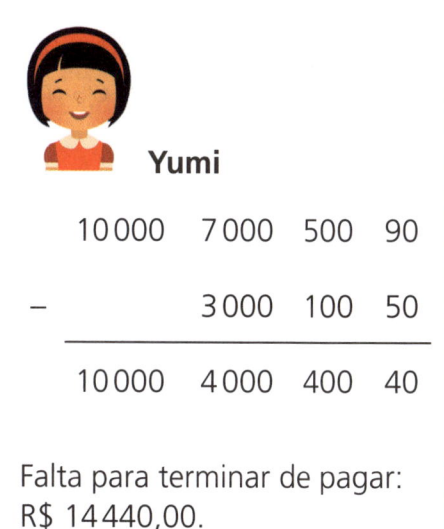

Eloá

17 590 → 14 590 → 14 490 → 14 440
 − 3 000   − 100   − 50

− 3 150

Ainda faltam R$ 14 440,00.

Yumi

10 000	7 000	500	90
	3 000	100	50
10 000	4 000	400	40

(−)

Falta para terminar de pagar: R$ 14 440,00.

- Converse com os colegas sobre cada uma dessas estratégias. Dê sua opinião sobre qual você achou mais interessante e por quê.

2 Leia o seguinte problema.

> Aline tem um salão que ela aluga para festas. Para uma festa de aniversário, Aline gastou R$ 450,00 com decoração. Ela recebeu R$ 1 700,00 pelo aluguel do salão. Aline teve lucro ou prejuízo? De quanto?

a) Elabore uma estratégia para a resolução desse problema. Faça algum esquema de cálculo e converse sobre ele com um colega.

b) Resolva no caderno esse problema utilizando a estratégia que você elaborou.

LIÇÃO 25

MEDIDAS DE COMPRIMENTO

Comprimento

Para medir a altura de uma pessoa, a distância entre uma cidade e outra, comprar tecido ou fios de energia elétrica, por exemplo, usamos as unidades de medida de comprimento.

As unidades de medida de comprimento mais usadas são o **metro** (m), o **quilômetro** (km), o **centímetro** (cm) e o **milímetro** (mm). Elas são utilizadas de acordo com a extensão que se deseja medir.

Observe a tabela.

Unidade de medida	Para que utilizamos
Quilômetro	Medir distâncias entre bairros, cidades, estados ou países.
Metro	Medir altura de pessoas, de prédios, de árvores, de móveis etc.
Centímetro	Na medição de distâncias em mapas (escalas), tamanhos de objetos pequenos, brinquedos, entre outros.
Milímetro	Na medição de objetos muito pequenos, como tachinhas, parafusos etc.

O **metro** é a unidade de medida de comprimento de base, ou seja, a que é usada como referência para medidas em todo o planeta.

1 quilômetro (km) é igual a 1 000 metros.   1 km = 1 000 m
1 metro (m) é igual a 100 centímetros.   1 m = 100 cm
1 centímetro (cm) corresponde a 10 milímetros.   1 cm = 10 mm

ATIVIDADES

1 A distância entre Maceió e Arapiraca é de 126 km. Ricardo resolveu fazer o percurso de bicicleta. Quantos metros ele percorrerá?

2 A professora cortou um pedaço de corda de 2 m de comprimento. Quantos centímetros tem essa corda?

3 Registre o comprimento dos seguintes materiais escolares. Meça-os com o auxílio de uma régua.

a) o seu caderno _____

b) o livro de Matemática _____

c) o seu lápis _____

d) a sua mesa/carteira _____

4 Observe o quadro. Escreva o grupo a que pertence cada criança.

Grupo	Estatura em metros
A	de 1,16 a 1,20
B	de 1,21 a 1,25
C	de 1,26 a 1,30
D	de 1,31 a 1,35
E	de 1,36 a 1,40
F	de 1,41 a 1,45
G	de 1,46 a 1,50
H	mais de 1,51

Ricardo 1,43 m grupo ☐

Patrícia 1,34 m grupo ☐

Pedro 1,28 m grupo ☐

Mônica 1,22 m grupo ☐

5 E você, a qual grupo pertence?

_____

6 Resolva.

Quantos quilômetros ao todo percorrerão três bicicletas se a primeira percorre 18 km, a segunda, o triplo da primeira, e a terceira, a metade que a primeira e a segunda juntas?

A 1ª percorre 18 km.

A 2ª percorre _____

A 3ª percorre _____

As três percorrem _____ ao todo.

EU GOSTO DE APRENDER MAIS

1 Leia o seguinte problema.

> Um atleta treina três vezes por semana. No primeiro dia ele corre 15,5 km, no segundo dia, 12,6 km e, no terceiro, 8,4 km. Que distância ele percorre em seu treino durante uma semana?

a) Há algum dado no problema que não interessa para responder à pergunta?

_____

b) Resolva esse problema.

2 Leia o problema que está começado.

a) Continue o texto do problema, elaborando as informações que faltam, utilizando valores em reais (R$).

> Um pai deposita todo mês, para seus três filhos, uma quantia diferente para cada um.
> _____
> _____
> _____

b) Troque com o colega e resolva o problema elaborado por ele.

c) Depois destroque e corrija o problema resolvido por ele.

LIÇÃO 26
MEDIDAS DE SUPERFÍCIE E PERÍMETRO

Medindo superfícies

Agora você vai aprender a medir a superfície de objetos e figuras planas, como o tapete e a toalha de mesa.

A medida de uma superfície chama-se **área**.

Representamos duas figuras — um retângulo e um quadrado — sobre uma malha quadriculada, e cada quadradinho é uma unidade de área (1 u.a.).

Observe.

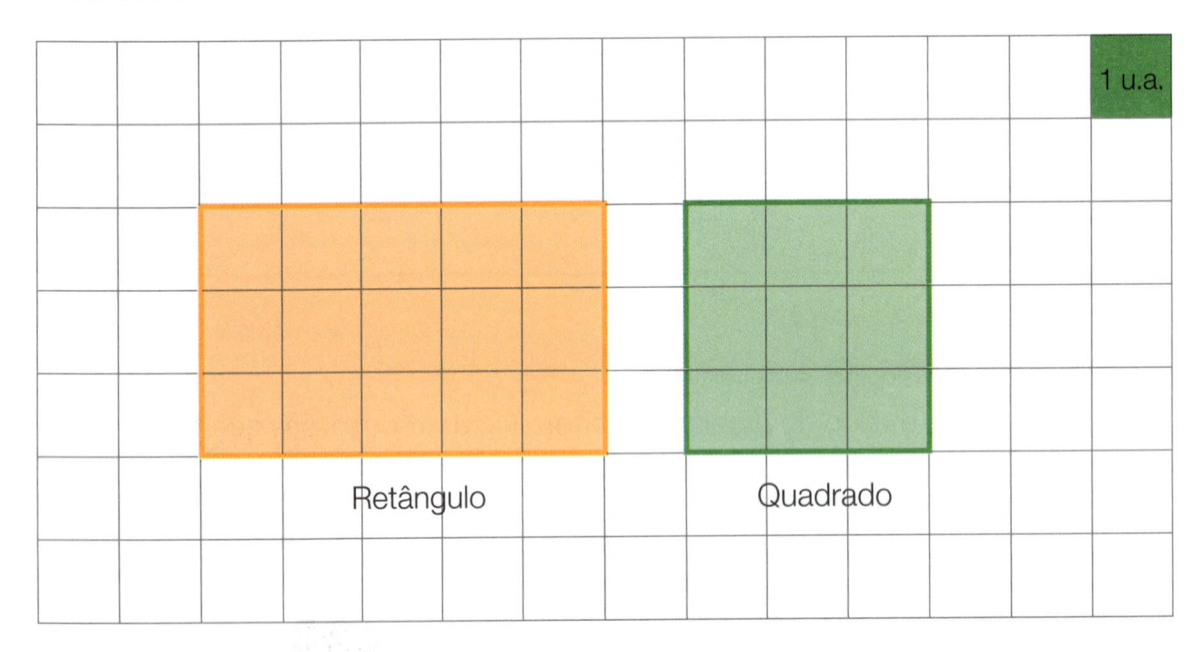

[Malha quadriculada com um retângulo laranja (Retângulo) e um quadrado verde (Quadrado); destaque de 1 u.a.]

Para calcular a área de cada figura, vamos estabelecer a seguinte relação:

> 1 quadradinho da malha = 1 u.a. (unidade de área)

Quantas vezes 1 u.a. cabe dentro das áreas ocupadas pelo retângulo laranja e pelo quadrado verde na malha quadriculada?

Você pode dizer que:
- O retângulo tem 15 u.a. de superfície.
- O quadrado tem 9 u.a. de superfície.

ATIVIDADES

1 Usando ▢ como unidade de medida de área (u.a.), calcule e registre a área representada pelas figuras.

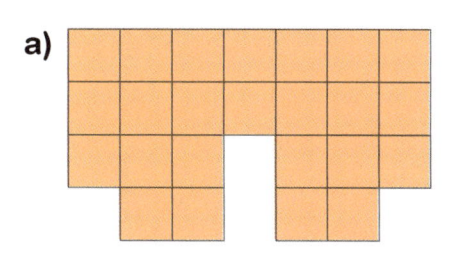

a)

Área: _____

b)

Área: _____

c)

Área: _____

d)

Área: _____

2 Dona Sílvia resolveu colocar azulejo em apenas uma parede da lavanderia de sua casa. O desenho representa a área dessa parede.

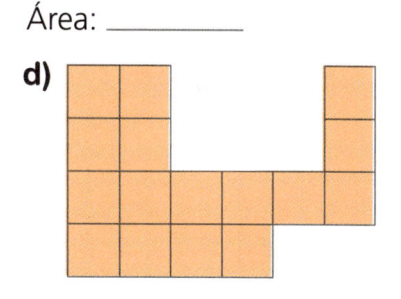

Observe-o e responda: quantos azulejos serão necessários para cobrir a parede?

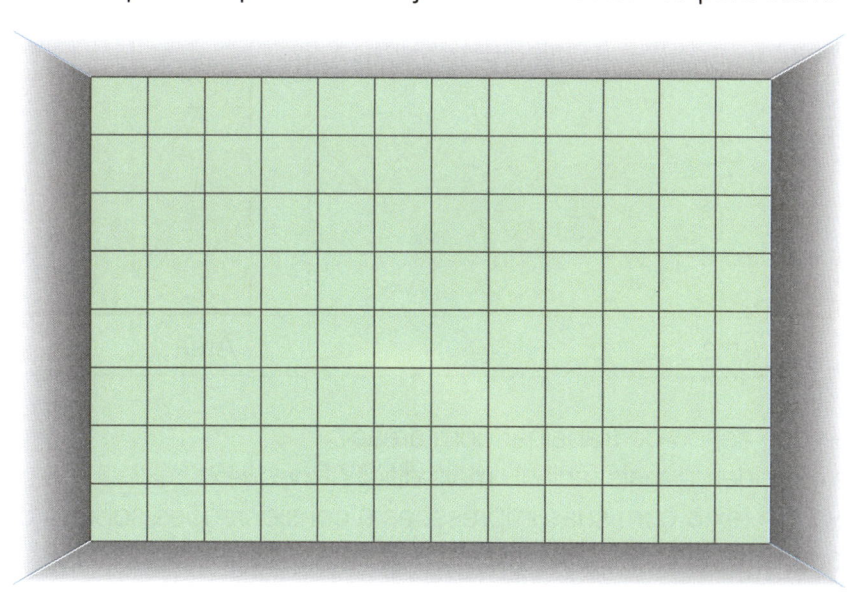

3 Usando como unidade de área (u.a.) uma folha de jornal, calcule:

a) a área ocupada pelo quadro de giz em sua sala de aula.

b) a área ocupada pela porta de sua sala de aula.

c) Descubra em sua sala outras superfícies que podem ser medidas usando essa u.a.

DESAFIO

Continue calculando áreas. Use o ☐ como unidade de medida de área (u.a.).

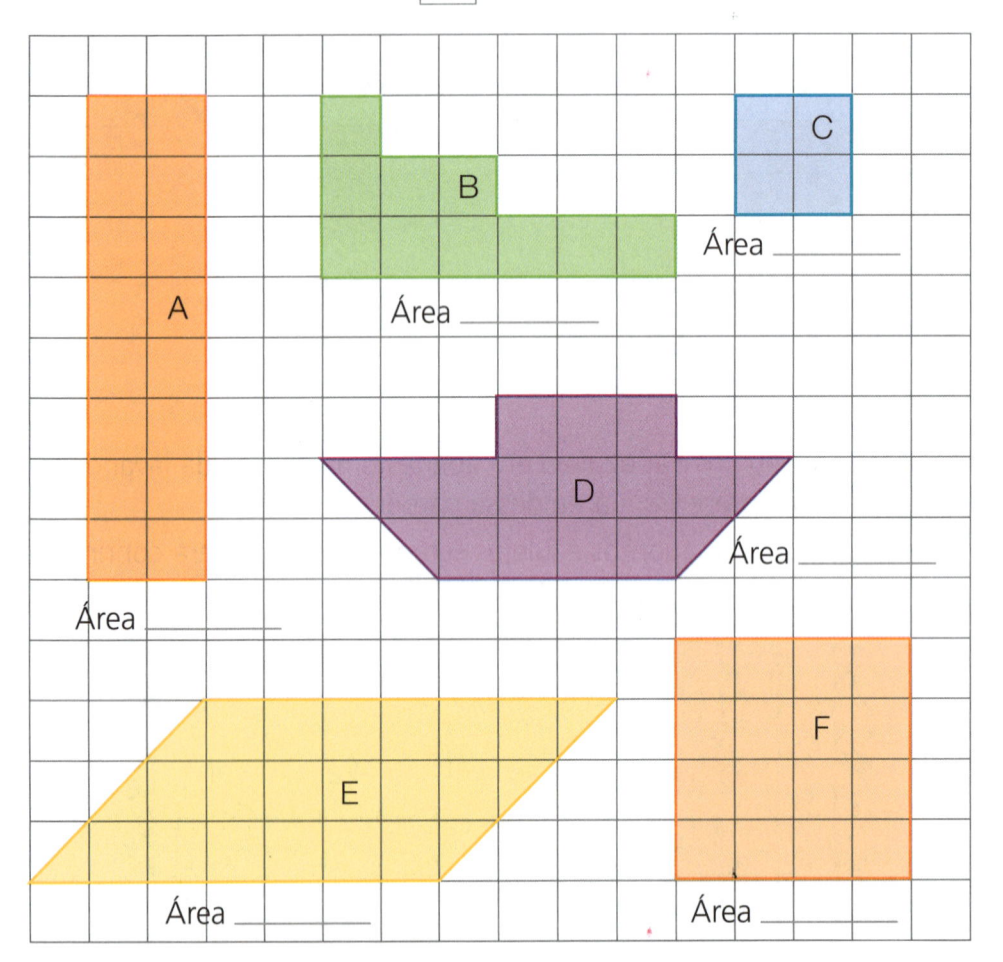

A — Área _____

B — Área _____

C — Área _____

D — Área _____

E — Área _____

F — Área _____

- O que você achou de trabalhar com áreas?
- O que considerou mais fácil? E mais difícil? Por quê?
- Escreva um texto com suas impressões e considerações sobre o que estudamos nesta lição sobre medidas de área.

Converse com o professor e os colegas a respeito de suas impressões e considerações sobre o que estudamos nesta lição sobre medidas de área.

Perímetro

É comum as pessoas cercarem terrenos ou colocarem rodapé nos cômodos de uma casa. Para isso, precisamos saber a quantidade de material necessário para executar tal serviço. Medir o contorno de formas que lembram um polígono é medir o seu perímetro.

> **Perímetro** é a soma das medidas dos lados do polígono.

O contorno de um terreno é o seu perímetro.

Observe a figura abaixo. Ela tem 30,5 cm de perímetro, obtido pela soma das medidas de seus lados.

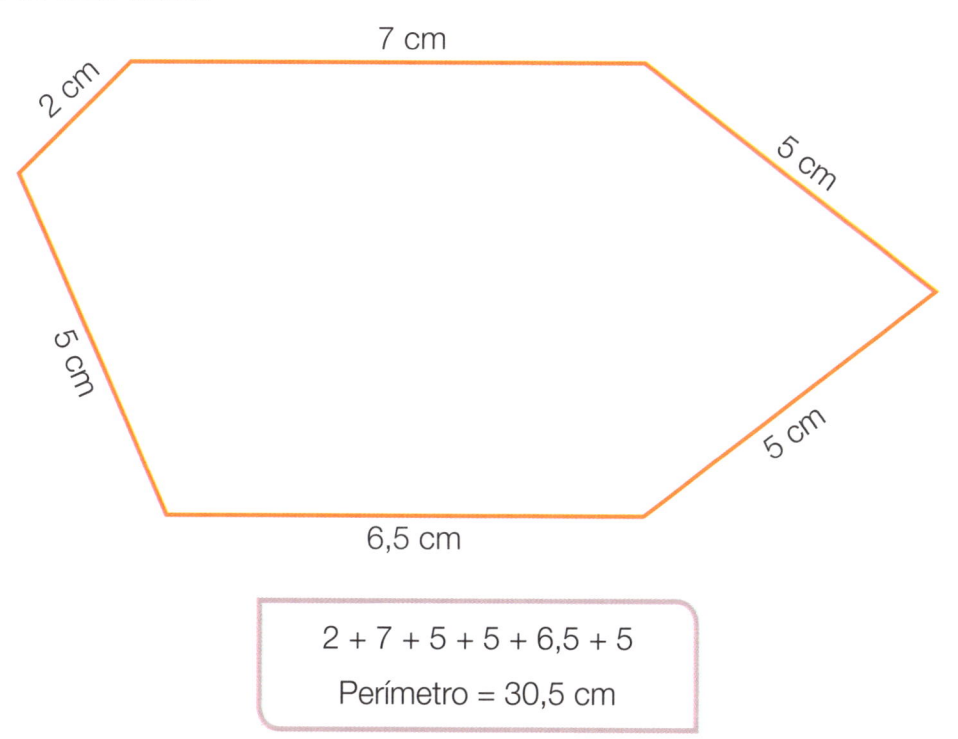

2 cm
7 cm
5 cm
5 cm
5 cm
6,5 cm

2 + 7 + 5 + 5 + 6,5 + 5
Perímetro = 30,5 cm

ATIVIDADES

1 Calcule o perímetro de um terreno retangular cujo lado menor mede 15 m, e o maior, 27 m.

Resposta: _____

2 O perímetro de um terreno quadrado mede 96 m. Quanto mede cada lado?

Resposta: _____

3 Titia ganhou uma bandeja retangular com 30 cm de comprimento por 10 cm de largura. Qual é o perímetro dessa bandeja?

Resposta: _____

4 Dona Cíntia resolveu colocar renda em volta de uma toalha retangular de 4 m de comprimento por 2 metros de largura. De quantos metros de renda ela necessitará?

Resposta: _____

LIÇÃO 27 — MEDIDAS DE CAPACIDADE

Capacidade

Para medir a quantidade de líquidos que bebemos, ou a quantidade de combustível a ser colocada em um automóvel, o **litro** (L) e o **mililitro** (mL) são as unidades de medida mais utilizadas.

> 1 litro (L) é igual a 1 000 mililitros (mL).   1 L = 1 000 mL
>
> 1 mililitro (1 mL) equivale a um milésimo do litro   1 mL = 0,001 L

ATIVIDADES

1 Complete.

a) O _____ é a unidade fundamental de medida de capacidade.

Seu símbolo é _____.

b) Um submúltiplo muito usado do litro é o _____.

Seu símbolo é _____.

2 Acompanhe a situação.

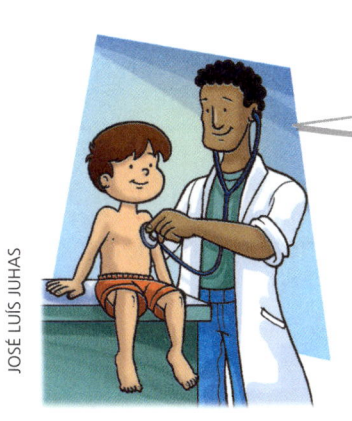

André, para passar sua tosse, tome 4 colheres de xarope por dia.

1 colher = 5 mL

Em 1 dia, André vai tomar ____ mL de xarope.

3 Uma perfumaria oferece um perfume em três tamanhos: grande (G), médio (M) e pequeno (P).

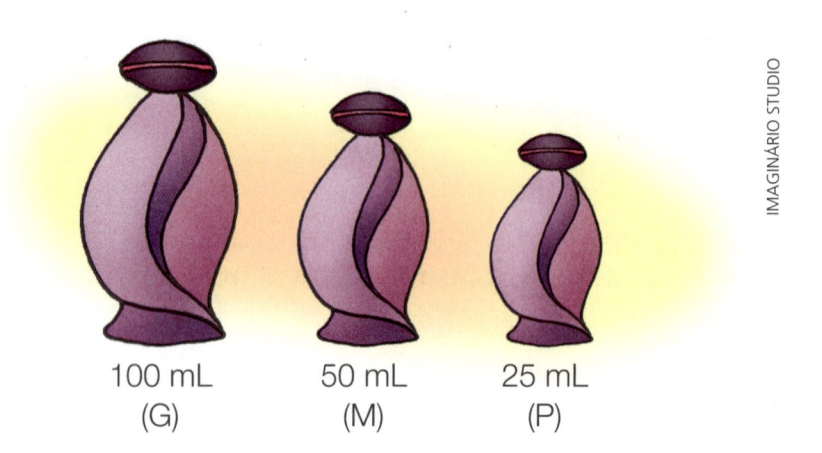

100 mL (G)   50 mL (M)   25 mL (P)

Duda possui 2 frascos: 1 M e 1 P.
Ana possui 2 frascos de tamanho M.
Bia possui 2 frascos de tamanho P.
Carla possui um frasco de tamanho G e um de tamanho P.

a) Determine quantos mL de perfume tem cada menina.

Ana: _____   Bia: _____   Carla: _____   Duda: _____

b) Qual delas tem mais perfume? _____

c) Qual delas tem menos perfume? _____

d) Quantos mililitros de perfume Bia tem a menos que Duda? _____

e) Quantos frascos serão necessários para uma pessoa ter 350 mL desse perfume?

_____

f) Quantos mililitros desse perfume a fábrica deverá produzir para atender a uma encomenda de 10 frascos M e 10 frascos P? Essa quantidade será menor ou maior que um litro? Por quê?

_____

_____

4 Observe as figuras.

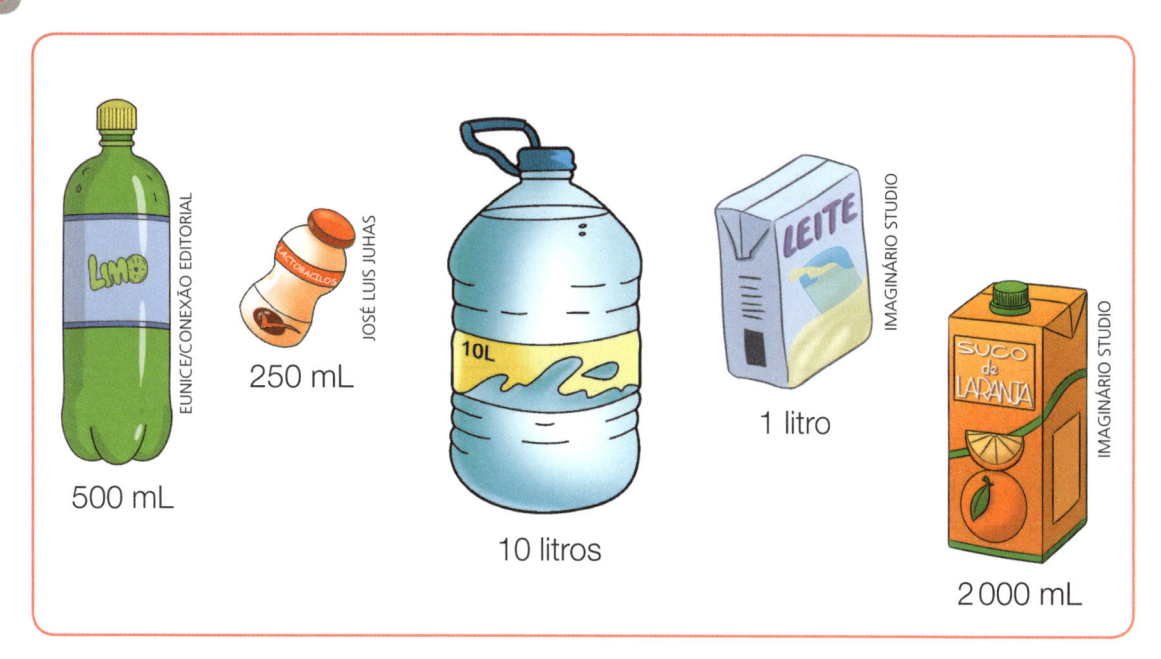

- 500 mL
- 250 mL
- 10 litros
- 1 litro
- 2 000 mL

Indique os litros que cabem em:

a) 5 galões de água → ____ L

b) 12 garrafinhas de leite fermentado com lactobacilos → ___ L

c) 6 garrafas de leite → ___ L

d) 4 garrafas de laranjada → ___ L

e) 8 garrafas de limonada → ___ L

f) 8 galões de água → ___ L

5 1 litro de suco enche 4 copos.

8 litros de suco enchem ____ copos.

PROBLEMAS

1 Tio Augusto vendeu 8 litros de suco de uva, 12 litros de suco de laranja e 23 litros de suco de limão. Quantos litros de suco tio Augusto vendeu?

Resposta: _____

2 Em um barril, há 35 litros de vinagre. José colocou esse vinagre em garrafões de 5 litros de capacidade cada um. Quantos garrafões José encheu?

Resposta: _____

3 Numa bomba de combustível, havia 350 litros de gasolina. Já foram vendidos 135 litros. Quantos litros de gasolina ainda restam na bomba?

Resposta: _____

4 Marlene comprou 6 garrafas de suco. Cada garrafa contém 1 litro. Ela bebeu durante um dia 2 copos de 250 mL cada. Quantos litros de suco restaram no final do dia?

Resposta: _____

28 MEDIDAS DE MASSA

Massa

Para medir a massa (peso) de alimentos e corpos, utilizamos as unidades de medida de massa: o quilograma (kg), o grama (g), o miligrama (mg) e a tonelada (t).

A unidade-base para medir massa é o **quilograma**.

1 quilograma (kg) é igual a 1 000 gramas.   1 kg = 1 000 g
1 grama (g) é igual a 1 000 miligramas.   1 g = 1 000 mg
1 tonelada (t) é igual a 1 000 quilogramas.   1 t = 1 000 kg

ATIVIDADES

1 Complete as frases.

a) O _____ é a unidade-padrão de medida de massa.

b) A _____ é o instrumento usado para medir massa.

c) Um quilograma contém _____ gramas.

d) Meio quilograma contém _____ gramas.

e) Três toneladas contêm _____ quilogramas.

f) Meia tonelada equivale a _____ quilogramas.

2 Mônica e o seu irmão Pedro estão com gripe. Foram ao médico. Observe os medicamentos receitados pelo médico.

Mônica
Medicamento X
tomar 250 mg
de 6 em 6 horas
por 7 dias.

Pedro
Medicamento Y
tomar 500 mg
de 8 em 8 horas
por 7 dias.

a) Quantos miligramas de medicação cada um tomará por dia?
_____

b) E ao final de 7 dias?
_____

c) Quem tomará maior quantidade de medicação por dia?
_____

d) Na bula, havia a seguinte informação: "Dose máxima de 2 g a 3 g por dia". Algum deles ultrapassa a dose diária máxima de medicação? Por quê?
_____

3 Agrupe as peças de forma que cada grupo fique com 1 kg. Que peça vai sobrar?

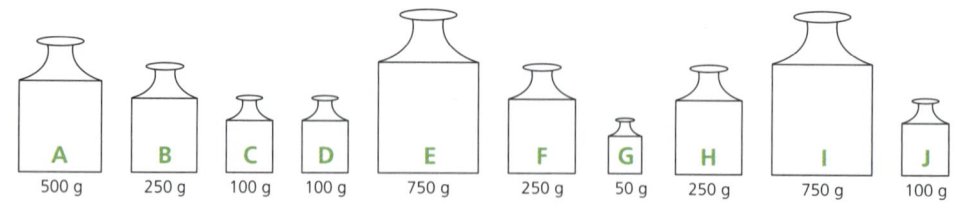

A	B	C	D	E	F	G	H	I	J
500 g	250 g	100 g	100 g	750 g	250 g	50 g	250 g	750 g	100 g

Grupo 1: _____

Grupo 2: _____

Grupo 3: _____

Sobra alguma peça?
_____

4 Complete:

a) 1 quilograma tem _____ gramas.

b) $\frac{1}{2}$ quilograma tem _____ gramas.

c) $\frac{3}{4}$ do quilograma tem _____ gramas.

d) $\frac{5}{10}$ do quilograma tem _____ gramas.

5 Escreva por extenso as medidas indicadas.

a) 12 kg _____

b) 120 g _____

c) 1,5 kg _____

d) 4 t _____

e) 0,2 kg _____

6 Transforme em gramas.

a) 2 kg = _____

b) 5 t = _____

c) 0,5 kg = _____

PROBLEMAS

1 Se 1 kg de uma mercadoria custa R$ 2,50, quanto custarão 7 kg?

Resposta: _____

2 Comprei 8 kg de feijão, 7,500 kg de arroz e 0,850 kg de farinha. Quantos quilogramas comprei ao todo?

Resposta: _____

3 Oito quilogramas de carne serão divididos em 20 pacotes. Quantos gramas terá cada pacote?

Resposta: _____

4 Vou distribuir 5 kg de presunto em 5 pacotes. Quantos gramas terá cada pacote?

Resposta: _____

5 Vou dividir 1 kg de café em 5 potes. Quantos gramas ficarão em cada pote?

Resposta: _____

6 Vou dividir 3 kg de queijo em 6 pacotes. Quantos gramas terá cada pacote?

Resposta: _____

PARA SE DIVERTIR

Descubra quantas vezes a sequência numérica

| 1 | 3 | 4 | 1 |

se repete no quadro abaixo.

1	2	5	2	1	5	2	3	1	2	6	3
0	2	5	1	1	2	5	2	2	3	5	4
0	1	2	6	1	0	1	5	1	2	5	2
1	1	3	4	1	1	3	5	1	2	1	0
2	1	0	1	2	5	2	0	1	1	5	1
1	3	5	1	0	3	1	2	5	2	1	5
2	1	2	5	2	1	3	4	1	0	1	2
1	1	5	1	3	4	1	1	2	1	5	3
2	1	5	2	4	2	5	2	1	3	4	1
0	2	5	1	3	1	2	5	2	1	2	3
4	1	2	5	2	4	7	3	1	3	4	1
3	7	5	1	7	1	2	6	1	0	2	5

239

Coleção

Eu gosto m@is

ALMANAQUE

STOP DA DIVISÃO

Você sabe jogar Stop?

Destaque as cartas com números da próxima página, embaralhe-as e sorteie uma carta de cada vez.

Todos deverão preencher a tabela abaixo com os resultados de cada divisão entre a carta sorteada e os números de cada coluna. Quem terminar as divisões primeiro deverá dizer "STOP" e os demais participantes deverão parar de preencher a tabela. Cada resultado correto vale 5 pontos. Vence quem obtiver a maior pontuação.

Todos da sala podem jogar juntos.

Nº sorteado	÷ 2	÷ 3	÷ 4	÷ 6	Total

Parte integrante da Coleção Eu gosto m@is – Matemática 4º ano – IBEP.

CARTAS PARA SORTEIO – JOGO STOP DA DIVISÃO

12	24	48
36	60	72
84	96	108

PLANIFICAÇÃO DO CUBO

PLANIFICAÇÃO DO PARALELEPÍPEDO

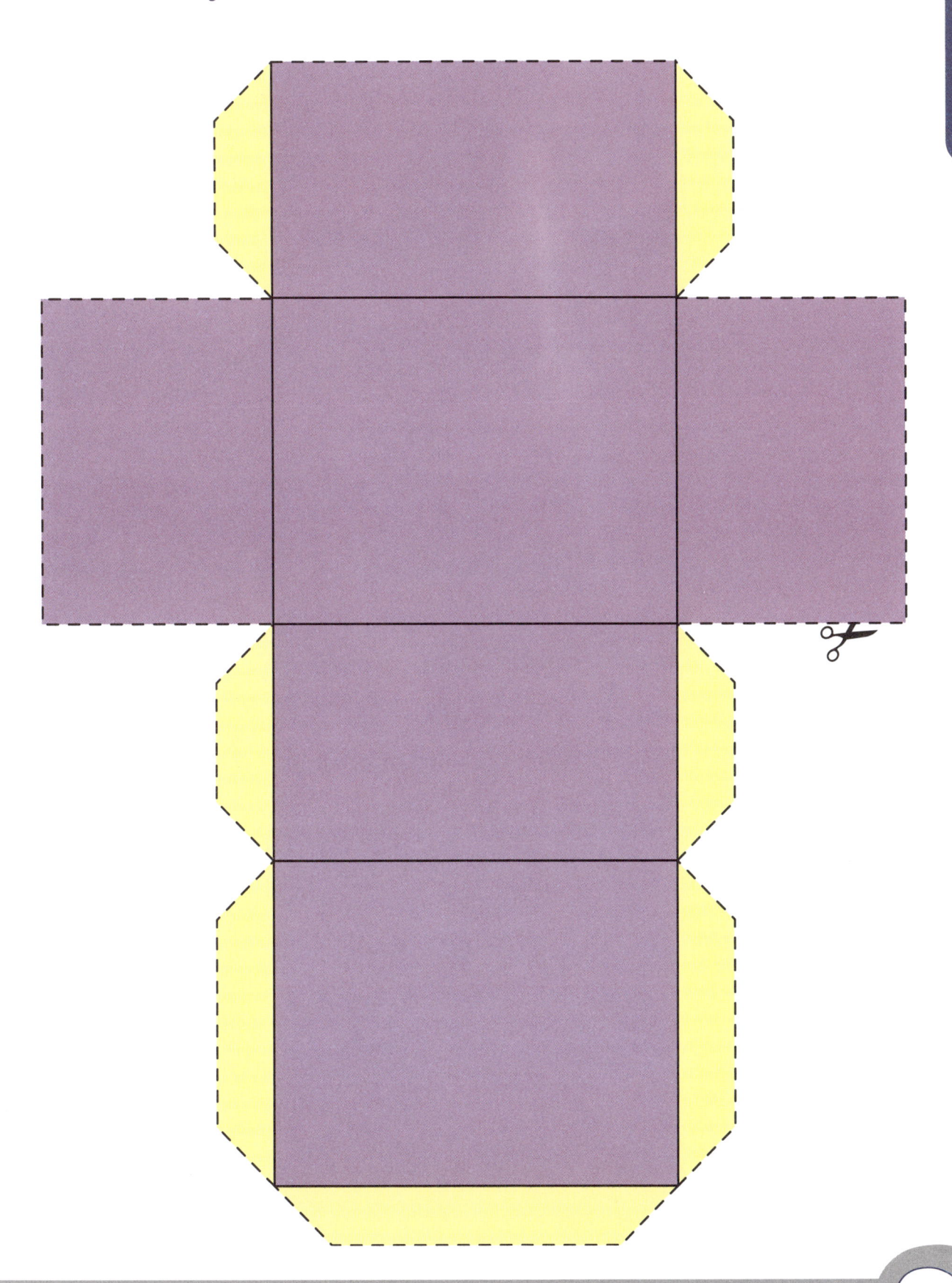

PLANIFICAÇÃO DO PRISMA DE BASE TRIANGULAR

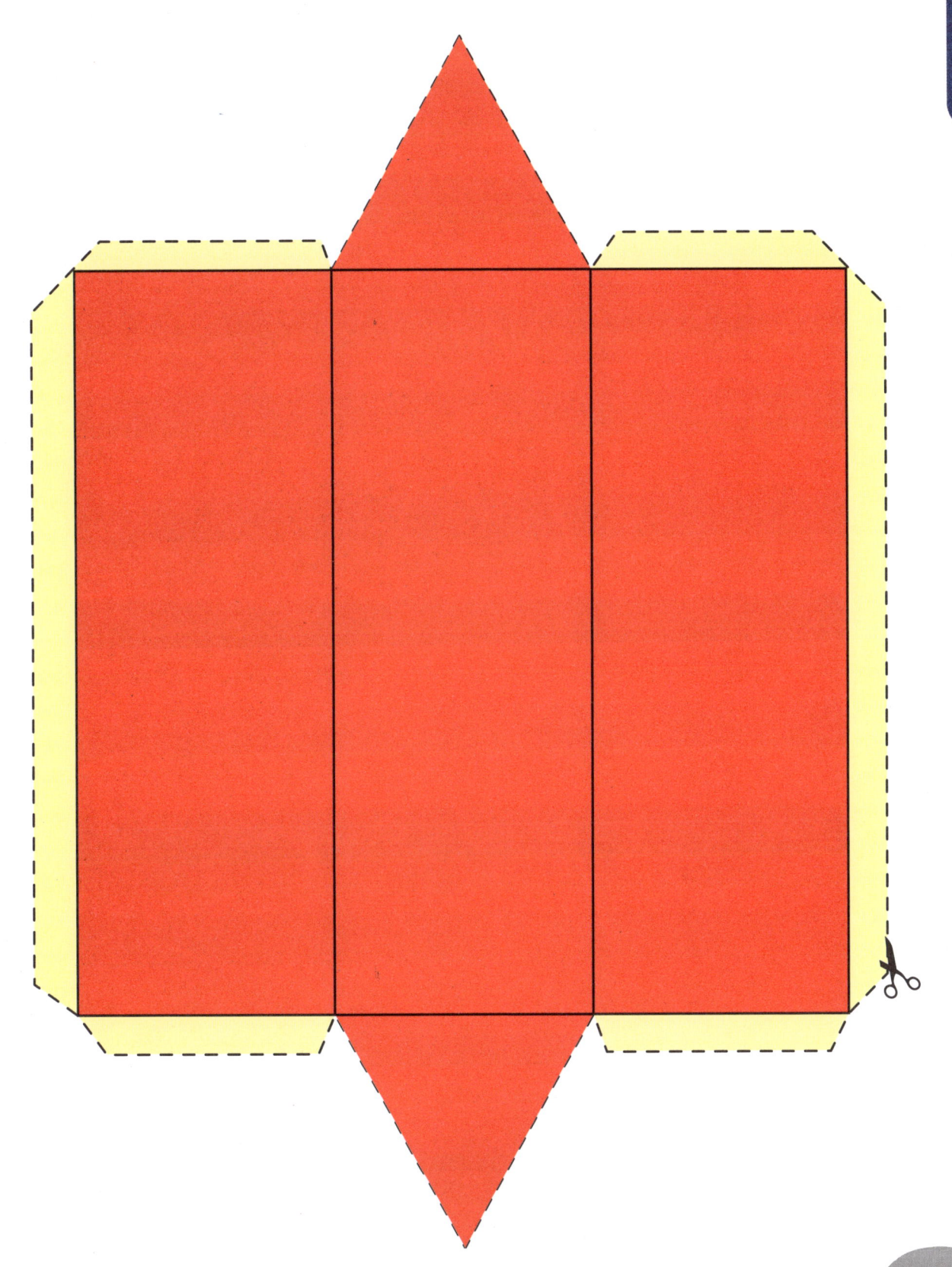

PLANIFICAÇÃO DA PIRÂMIDE DE BASE QUADRADA

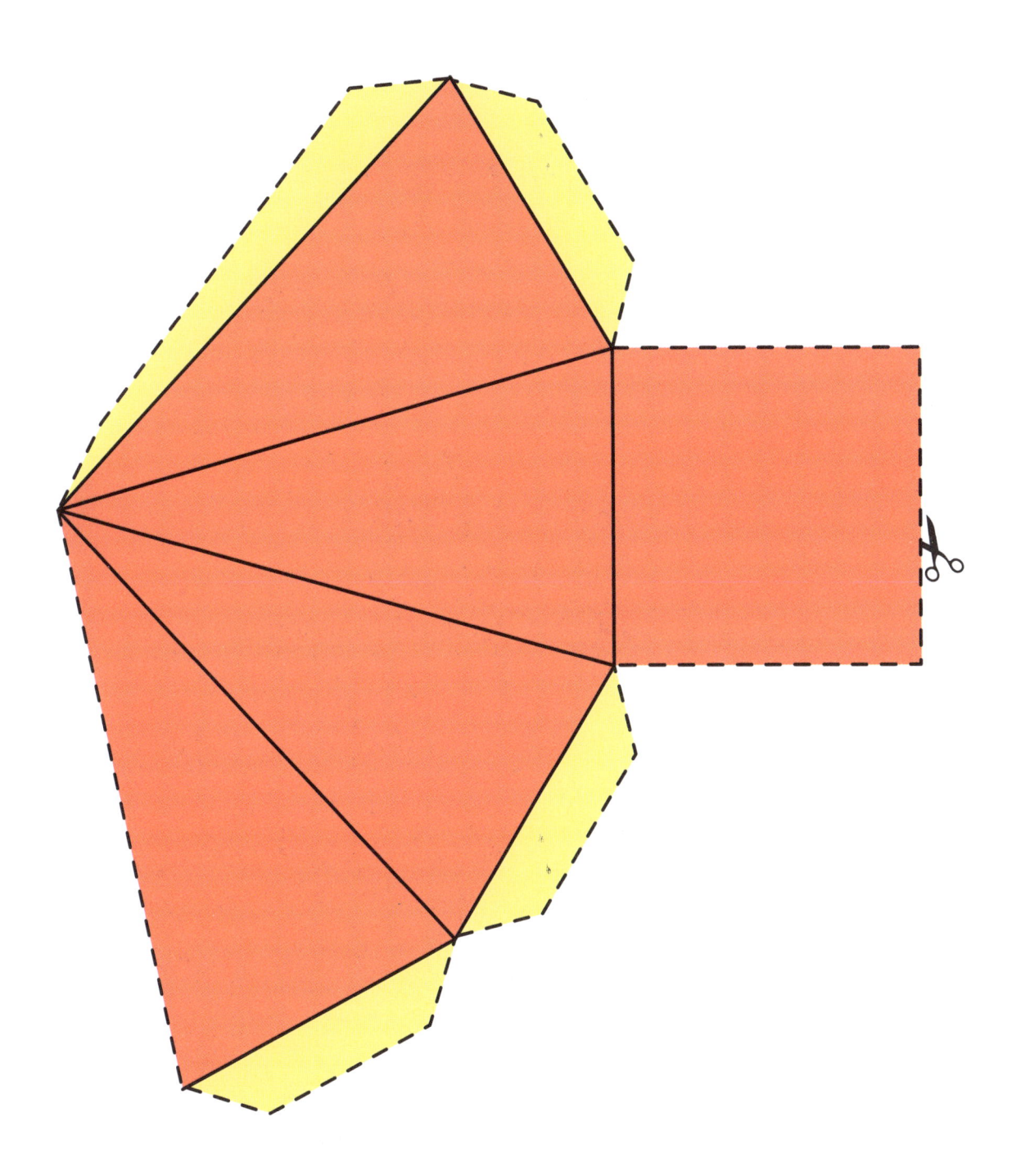

PLANIFICAÇÃO DA PIRÂMIDE DE BASE TRIANGULAR

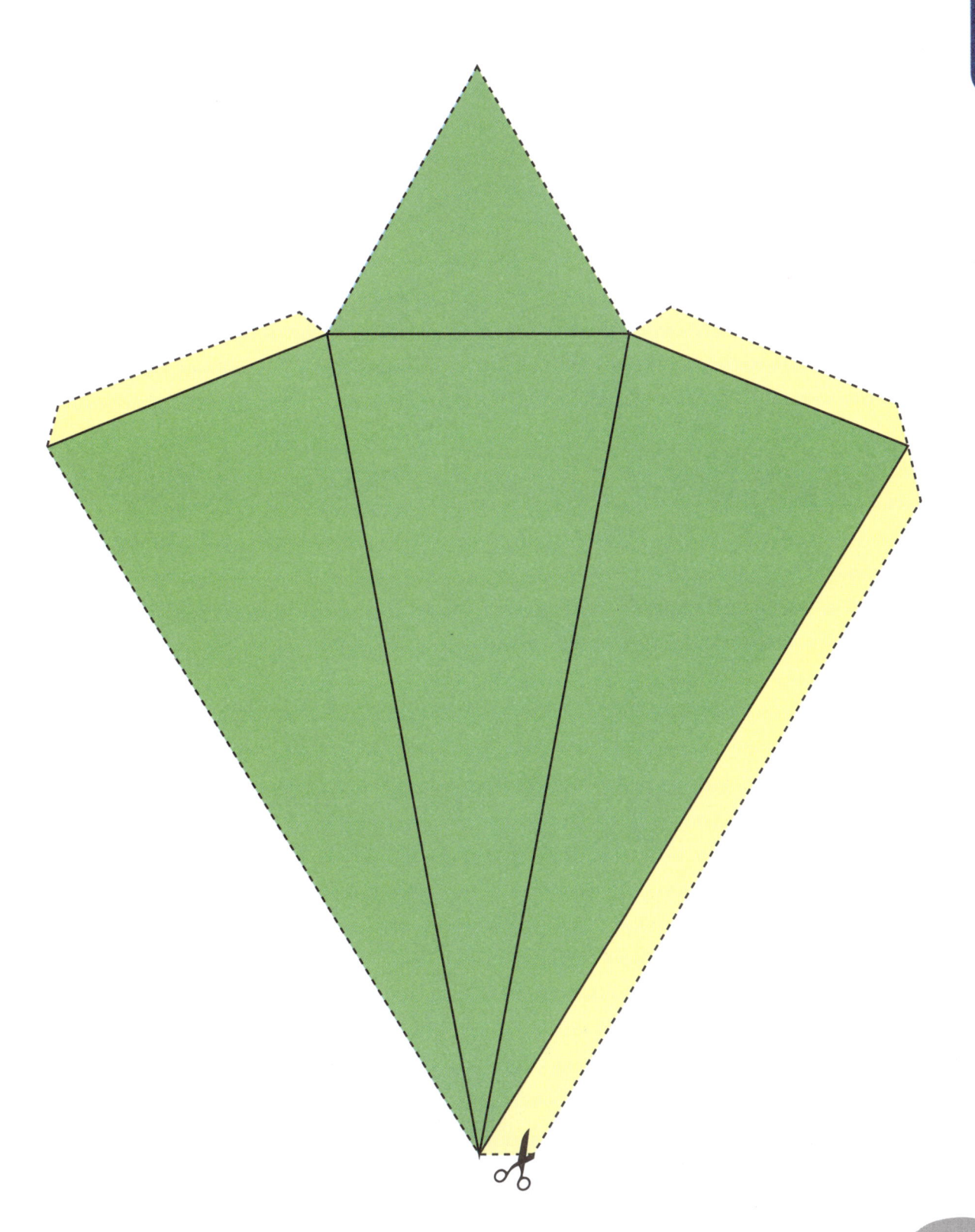

PLANIFICAÇÃO DA PIRÂMIDE DE BASE PENTAGONAL

ALMANAQUE

259

Parte integrante da Coleção Eu gosto m@is – Matemática 4º ano – IBEP.

$$\frac{1}{1}$$

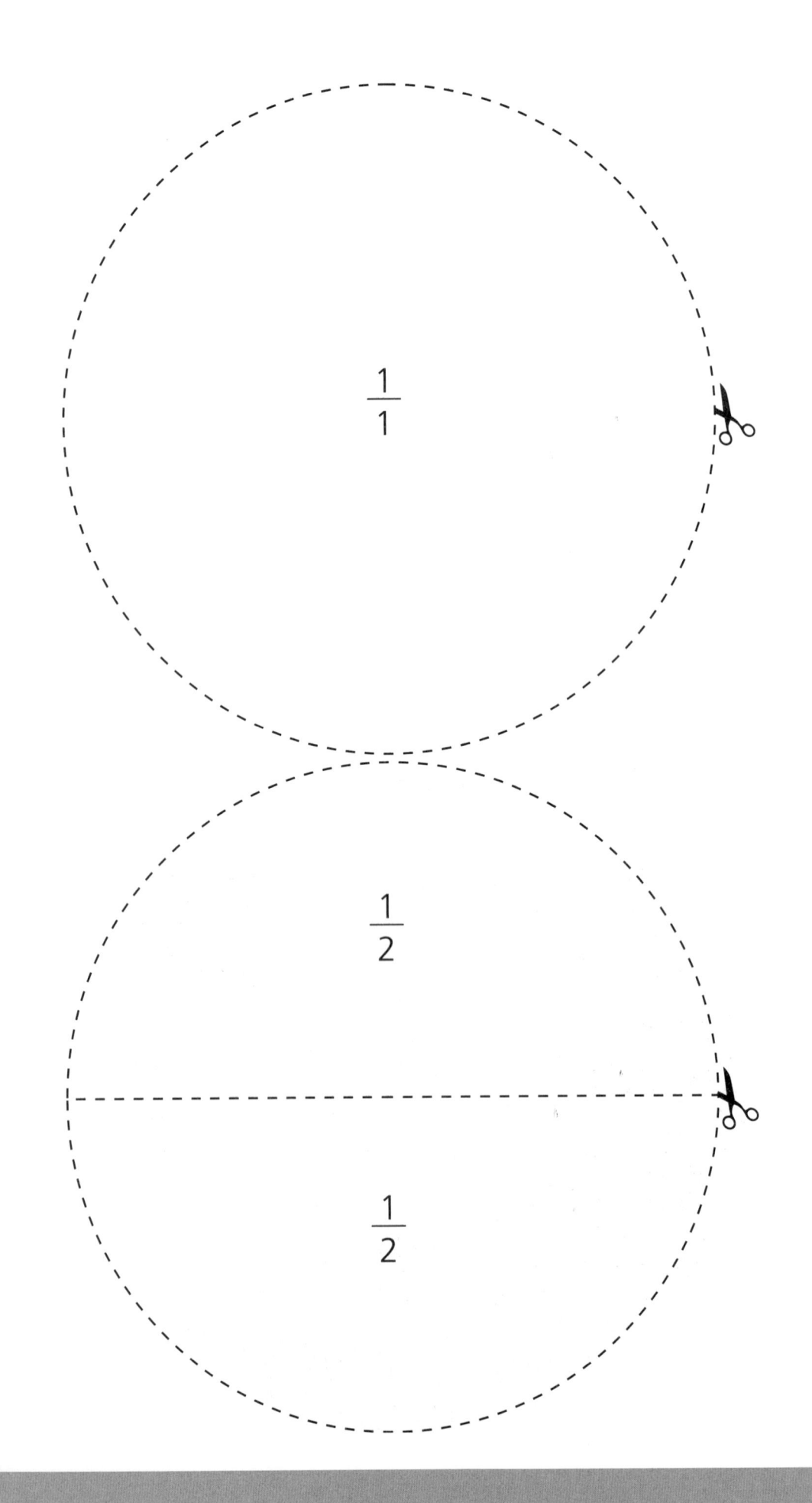

$$\frac{1}{2}$$

$$\frac{1}{2}$$

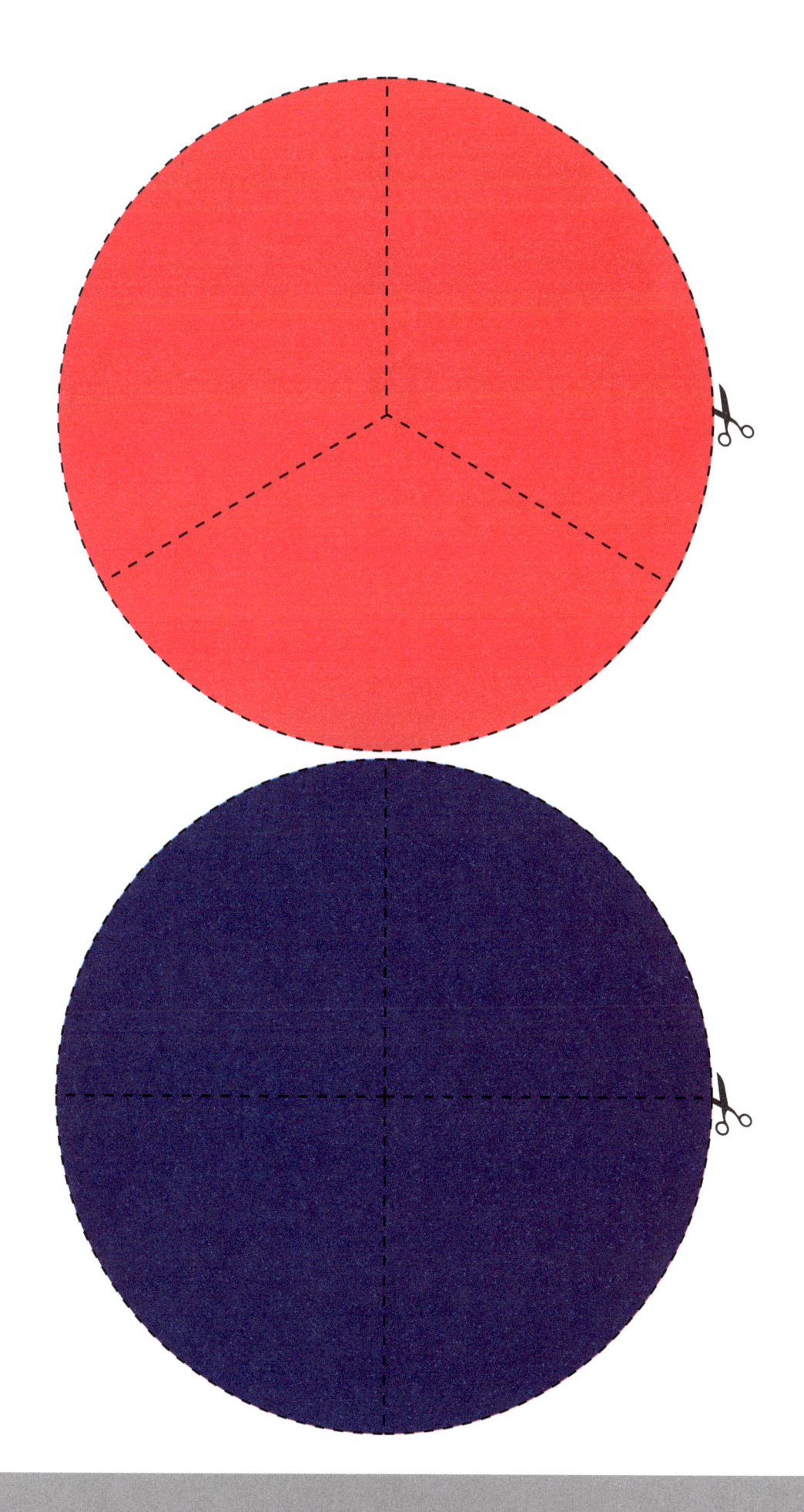

ALMANAQUE

261

$\frac{1}{3}$ $\frac{1}{3}$

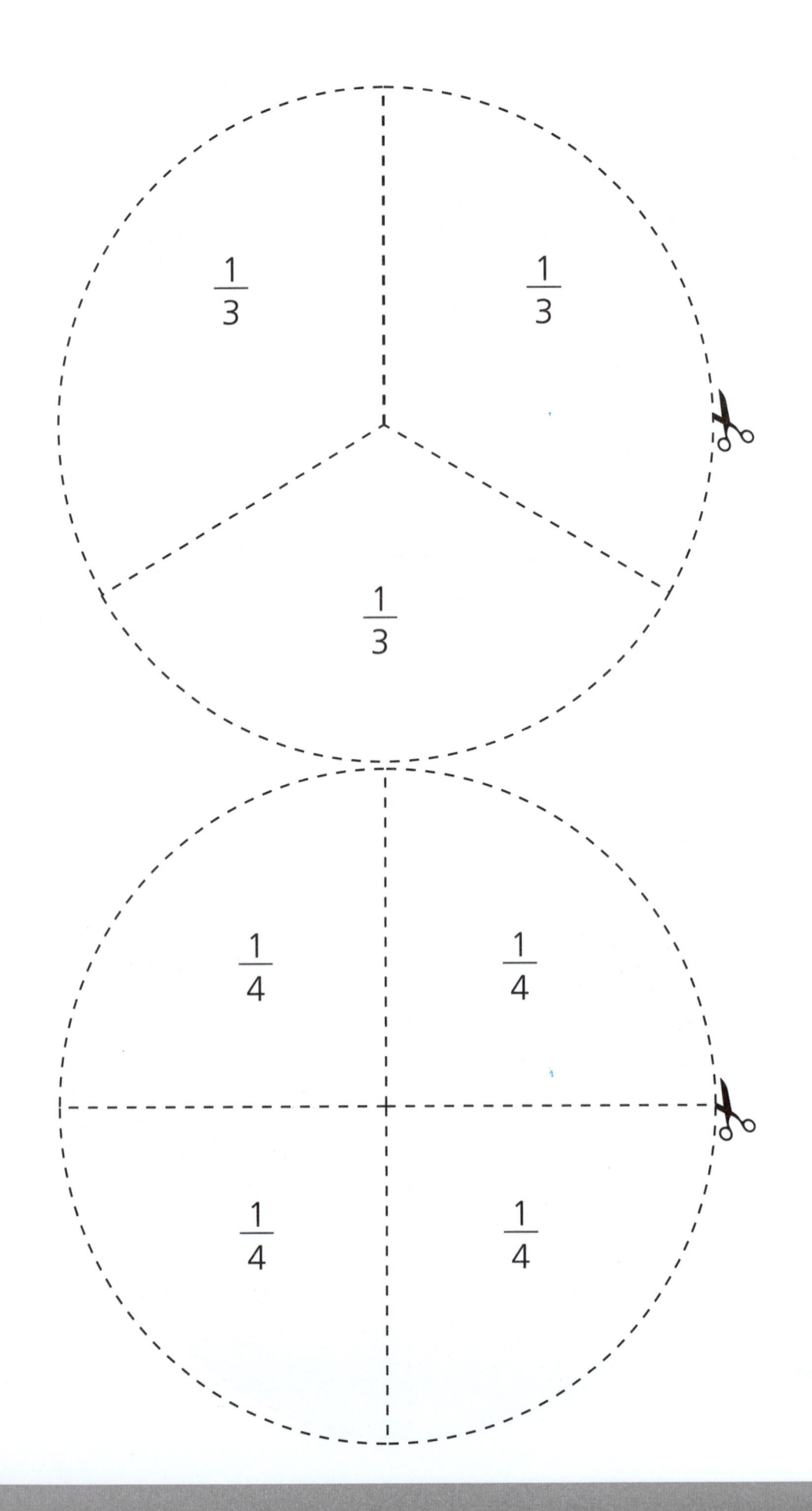

$\frac{1}{3}$

$\frac{1}{4}$ $\frac{1}{4}$

$\frac{1}{4}$ $\frac{1}{4}$

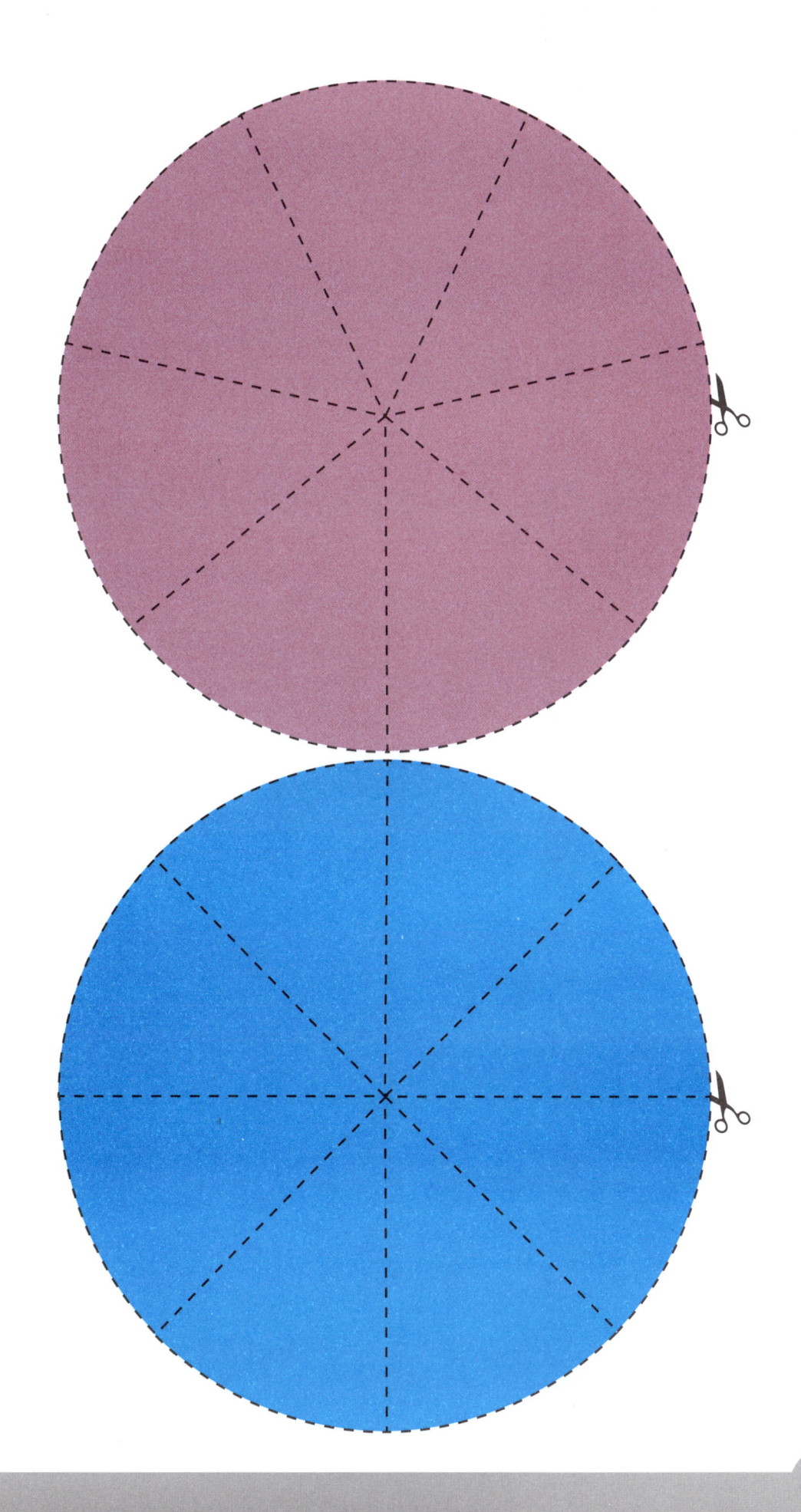

ALMANAQUE

263

Parte integrante da Coleção Eu gosto m@is – Matemática 4º ano – IBEP.

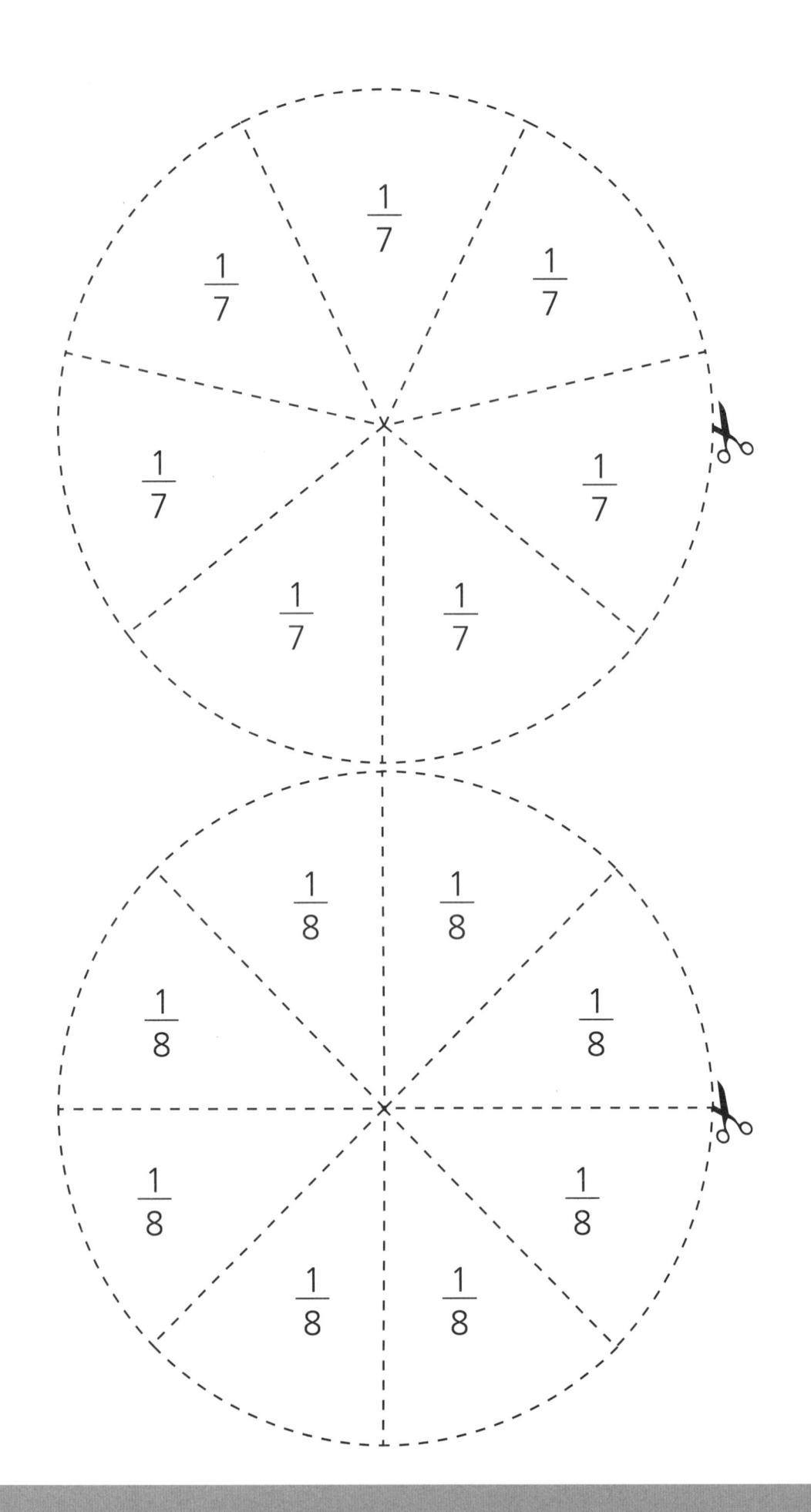

$\frac{1}{7}$ $\frac{1}{7}$ $\frac{1}{7}$ $\frac{1}{7}$ $\frac{1}{7}$ $\frac{1}{7}$ $\frac{1}{7}$

$\frac{1}{8}$ $\frac{1}{8}$ $\frac{1}{8}$ $\frac{1}{8}$ $\frac{1}{8}$ $\frac{1}{8}$ $\frac{1}{8}$ $\frac{1}{8}$

265

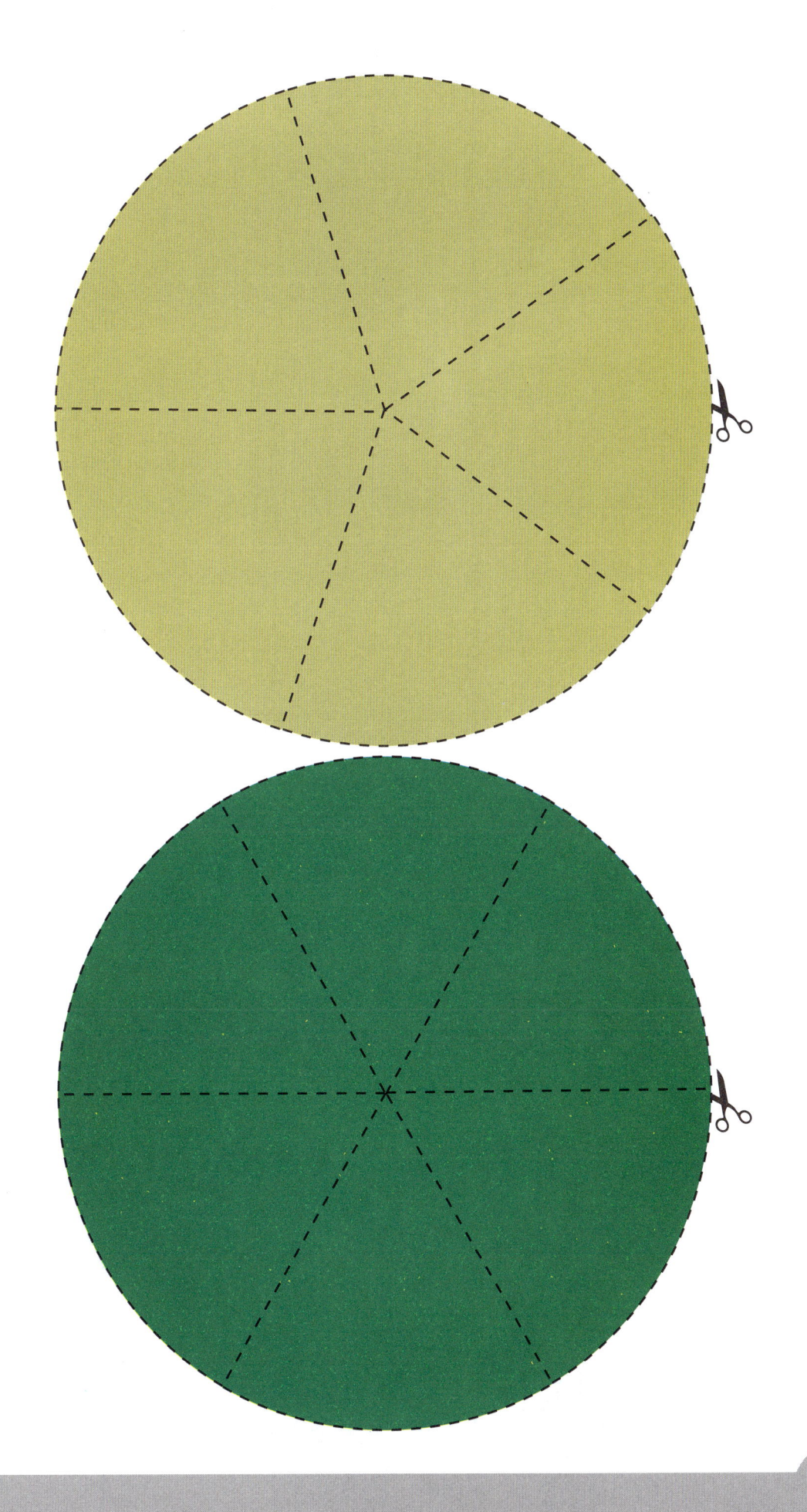

$\frac{1}{5}$ $\frac{1}{5}$ $\frac{1}{5}$ $\frac{1}{5}$ $\frac{1}{5}$

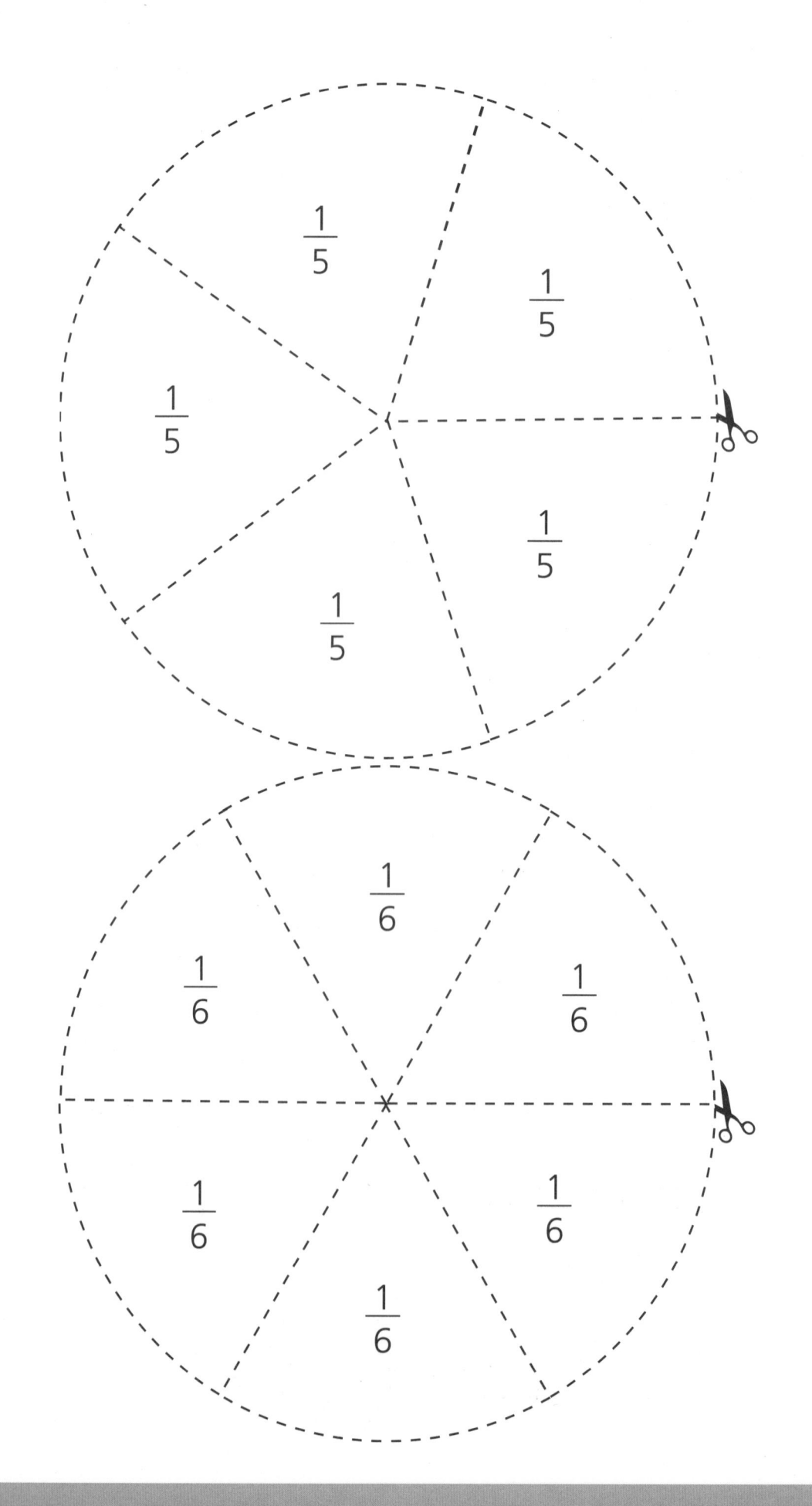

$\frac{1}{6}$ $\frac{1}{6}$ $\frac{1}{6}$ $\frac{1}{6}$ $\frac{1}{6}$ $\frac{1}{6}$

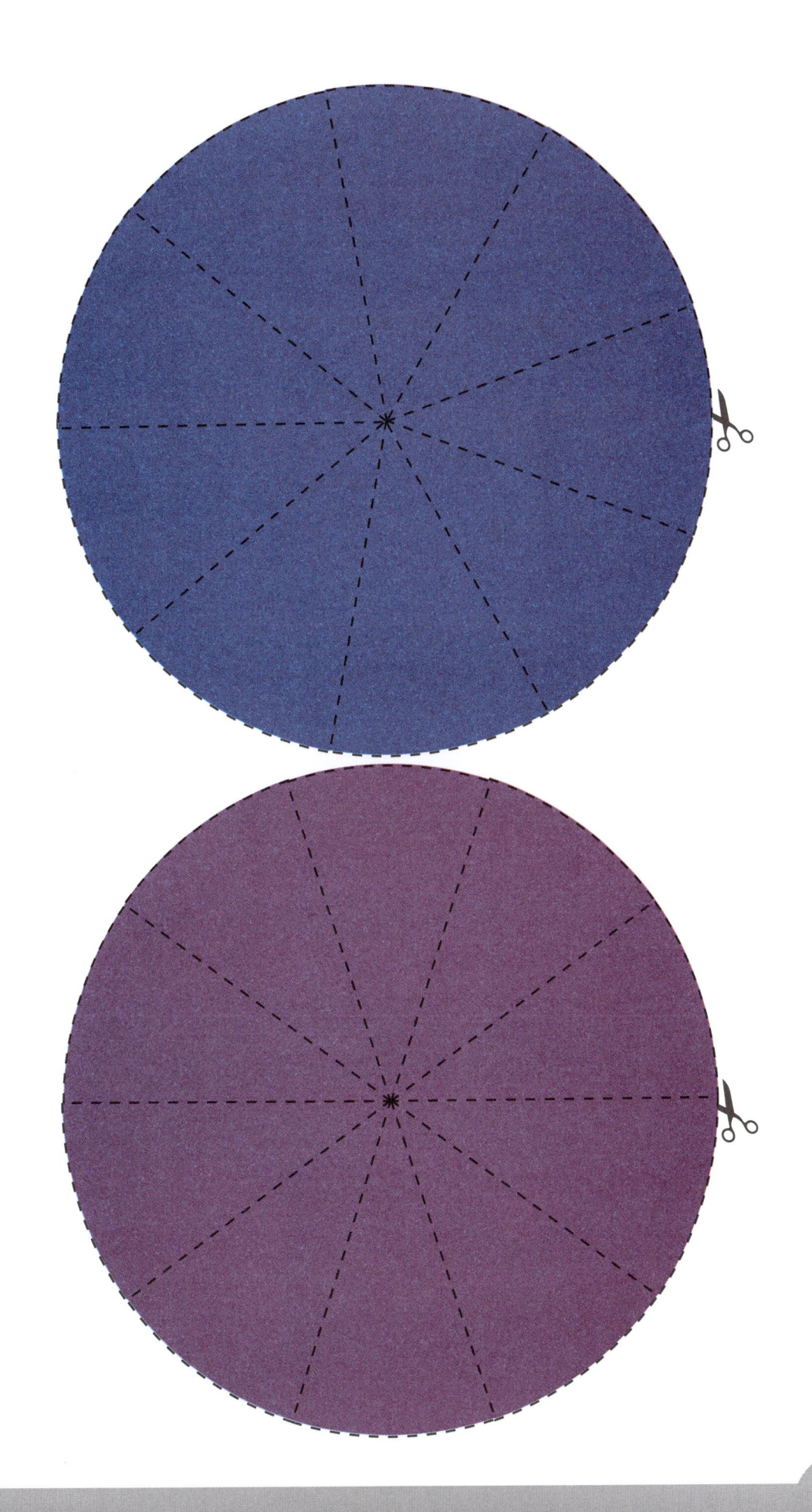

ALMANAQUE

267

Parte integrante da Coleção Eu gosto m@is – Matemática 4º ano – IBEP.

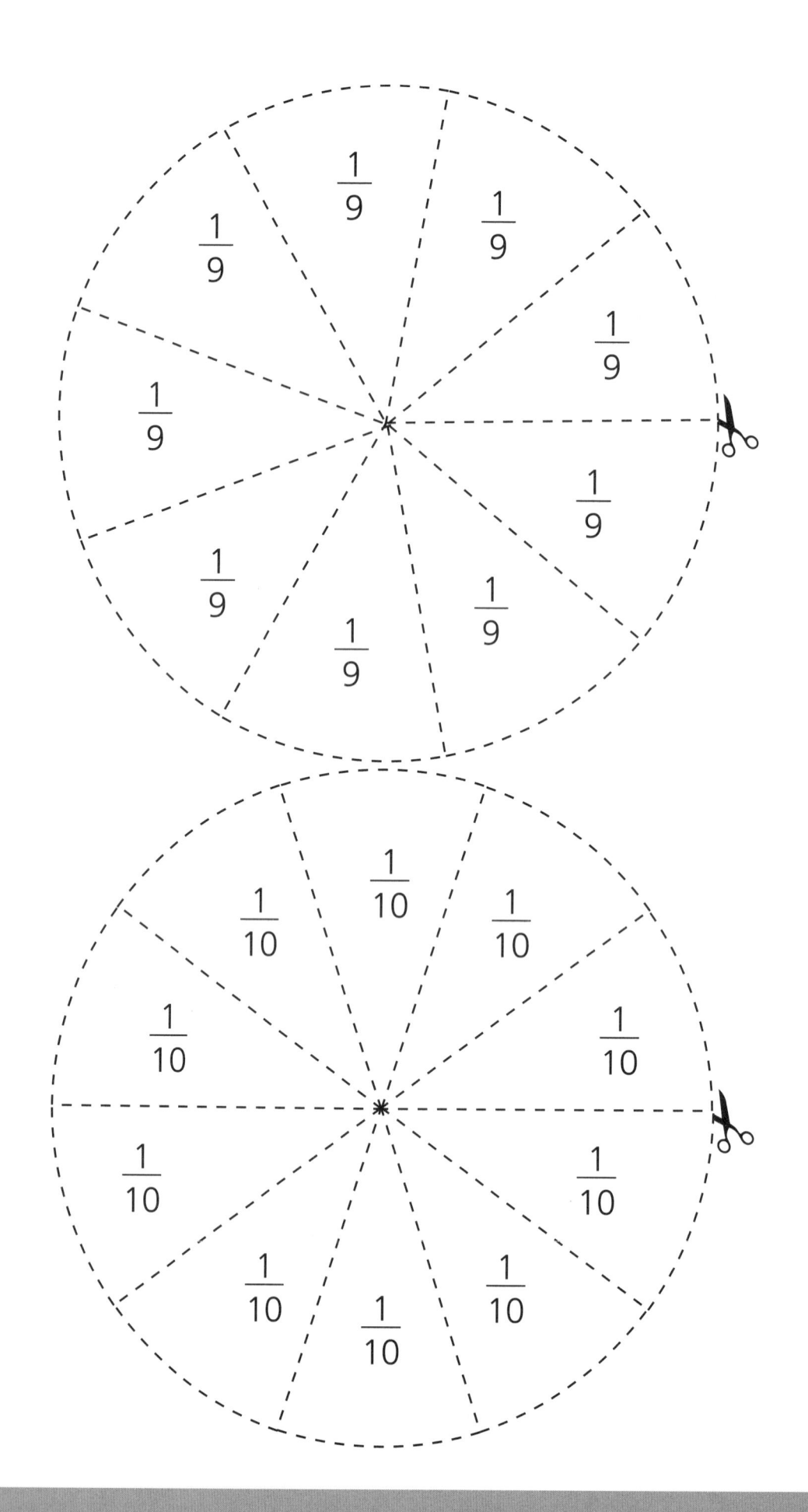

$\frac{1}{9}$ $\frac{1}{9}$ $\frac{1}{9}$ $\frac{1}{9}$ $\frac{1}{9}$ $\frac{1}{9}$ $\frac{1}{9}$ $\frac{1}{9}$ $\frac{1}{9}$

$\frac{1}{10}$ $\frac{1}{10}$ $\frac{1}{10}$ $\frac{1}{10}$ $\frac{1}{10}$ $\frac{1}{10}$ $\frac{1}{10}$ $\frac{1}{10}$ $\frac{1}{10}$ $\frac{1}{10}$

Parte integrante da Coleção Eu gosto m@is – Matemática 4º ano – IBEP.

$\dfrac{3}{7}$	$\dfrac{5}{4}$	$\dfrac{3}{6}$
$\dfrac{2}{6}$	$\dfrac{5}{3}$	$\dfrac{1}{2}$
$\dfrac{2}{4}$	$\dfrac{4}{10}$	$\dfrac{1}{5}$
	$\dfrac{4}{8}$	

$\dfrac{5}{10}$	$\dfrac{1}{4}$	$\dfrac{6}{8}$
$\dfrac{1}{3}$	$\dfrac{6}{9}$	$\dfrac{10}{10}$
$\dfrac{6}{3}$	$\dfrac{7}{7}$	$\dfrac{3}{3}$
	$\dfrac{2}{8}$	

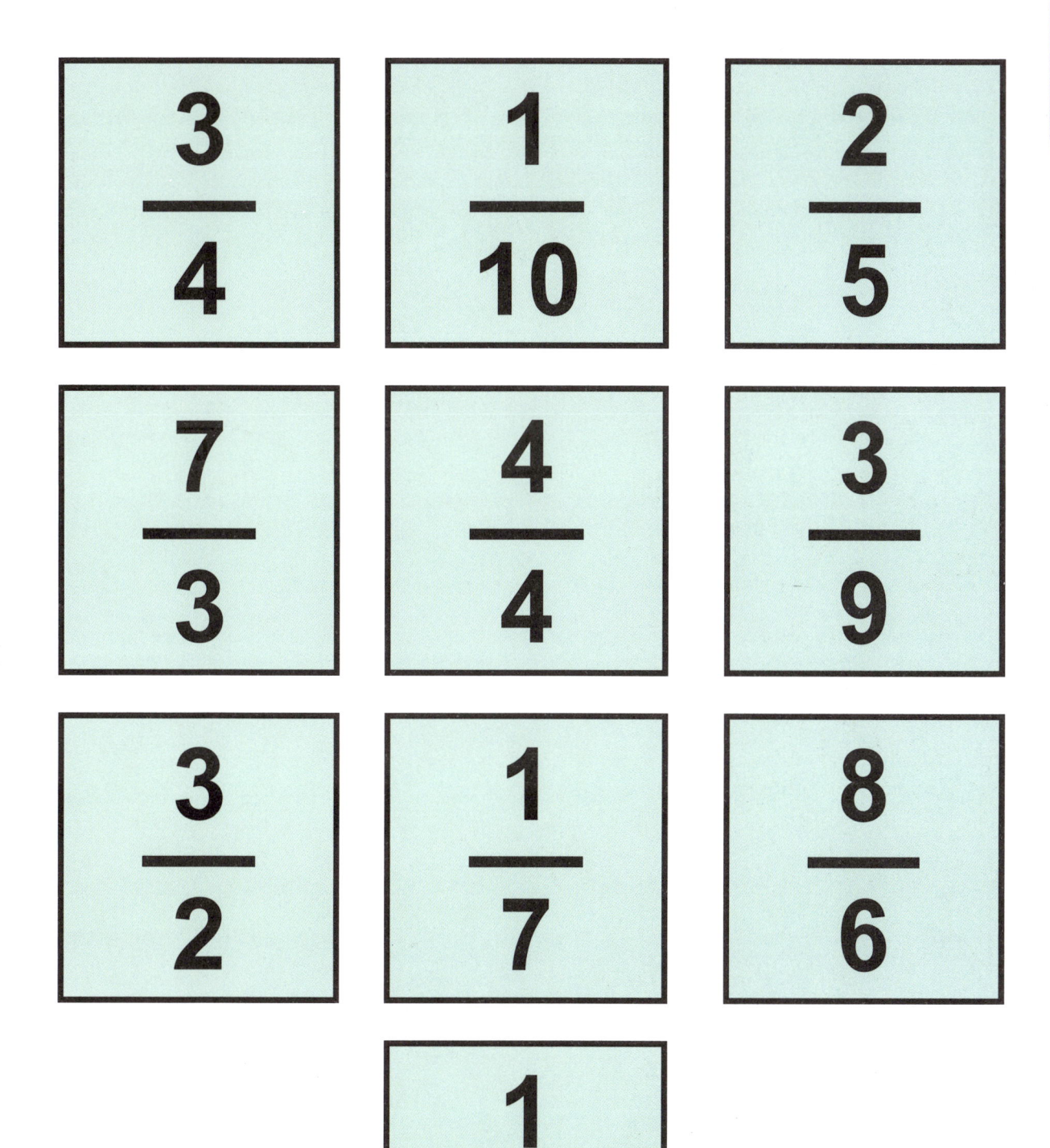

$\dfrac{3}{4}$	$\dfrac{1}{10}$	$\dfrac{2}{5}$
$\dfrac{7}{3}$	$\dfrac{4}{4}$	$\dfrac{3}{9}$
$\dfrac{3}{2}$	$\dfrac{1}{7}$	$\dfrac{8}{6}$
	$\dfrac{1}{16}$	

1 inteiro																
$\frac{1}{2}$									$\frac{1}{2}$						
$\frac{1}{3}$					$\frac{1}{3}$					$\frac{1}{3}$				
$\frac{1}{4}$				$\frac{1}{4}$				$\frac{1}{4}$				$\frac{1}{4}$			
$\frac{1}{5}$			$\frac{1}{5}$			$\frac{1}{5}$			$\frac{1}{5}$			$\frac{1}{5}$		
$\frac{1}{6}$			$\frac{1}{6}$		$\frac{1}{6}$		$\frac{1}{6}$		$\frac{1}{6}$		$\frac{1}{6}$		
$\frac{1}{7}$		$\frac{1}{7}$		$\frac{1}{7}$		$\frac{1}{7}$		$\frac{1}{7}$		$\frac{1}{7}$		$\frac{1}{7}$	
$\frac{1}{8}$		$\frac{1}{8}$	$\frac{1}{8}$	$\frac{1}{8}$	$\frac{1}{8}$	$\frac{1}{8}$	$\frac{1}{8}$	$\frac{1}{8}$						
$\frac{1}{9}$	$\frac{1}{9}$	$\frac{1}{9}$	$\frac{1}{9}$	$\frac{1}{9}$	$\frac{1}{9}$	$\frac{1}{9}$	$\frac{1}{9}$	$\frac{1}{9}$						
$\frac{1}{10}$	$\frac{1}{10}$	$\frac{1}{10}$	$\frac{1}{10}$	$\frac{1}{10}$	$\frac{1}{10}$	$\frac{1}{10}$	$\frac{1}{10}$	$\frac{1}{10}$	$\frac{1}{10}$					
$\frac{1}{16}$	$\frac{1}{16}$	$\frac{1}{16}$	$\frac{1}{16}$	$\frac{1}{16}$	$\frac{1}{16}$	$\frac{1}{16}$	$\frac{1}{16}$	$\frac{1}{16}$	$\frac{1}{16}$	$\frac{1}{16}$	$\frac{1}{16}$	$\frac{1}{16}$	$\frac{1}{16}$	$\frac{1}{16}$	$\frac{1}{16}$

ALMANAQUE

MOEDAS

CASA DA MOEDA DO BRASIL

ALMANAQUE

277

Parte integrante da Coleção Eu gosto m@is – Matemática 4º ano – IBEP.

CÉDULAS

279

CÉDULAS

ALMANAQUE

Parte integrante da Coleção Eu gosto m@is – Matemática 4º ano – IBEP.

CÉDULAS

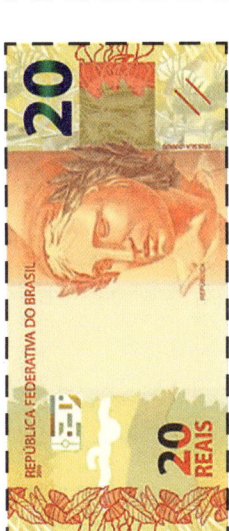

ALMANAQUE

CÉDULAS

CASA DA MOEDA DO BRASIL

ALMANAQUE

285

Parte integrante da Coleção Eu gosto m@is – Matemática 4º ano – IBEP.

CÉDULAS

Adesivos para a página 150.